現代上下水道の人物50傑

目 次

はじめに

●人物に出会う意味

この本は、人々の幸せを願い「生命の水」を守るためにその生涯、あるいは一時期を捧げた54名の気概溢れる先人の人物誌である。執筆陣は、対象の人物から直接指導を受けた人、側近くでその言動に接した人、あるいはその足跡を探究した研究者等である。ご本人の筆になる貴重な一篇も含まれる。

読者、特に上下水道従事者あるいは将来従事したいと考えている若い読者には、この本から困難をも力とする「水守スピリッツ」を感受してほしい。

私は、人物との出会いは人生にとって大切だと思う。出会いは、本の上だけの場合もあれば、話の中だけの場合もある。人物と讃えられる人は、読者が出会いたいと思えば、古今東西、時空を超えて現れるだろう。そして、互いに胸襟を開いて語り合うことができる。「上下水道の事業哲学とは何か」、「水守スピリッツとは何か」と。そのことが仕事や人生に深い意味を与えるだろう。

●生き方や人間性を学ぶ

この本には3つの視点がある。

（1） 上下水道事業を一体と捉える視点

（2）「現代」を敗戦（昭和20（1945）年）から現在（平成30（2018）年）までの通算73年間とし、その間の事業の変遷を一体と捉える視点

（3） 今という時代を上下水道事業の転換期と捉え、人物の生き方や人間性に焦点を当てる視点

後藤新平の「座右の銘」は、「一に人、二に人、三に人」であった。「人が事業を発展させる」、「人が困難を切り拓く」。事業は、一重に人に尽きる。

この本に収められた人物こそ「人」そのものであり、現代の上下水道事業を創り上げた先人である。

その生き方や人間性、そして「水守スピリッツ」を学ぶ意義は深い。

●人が時代を築く

「現代」は、3つの時代区分からなる。

[第1期] 敗戦（昭和20（1945）年）から水道行政3分割（32（1957）年）までの12年間

焦土からの事業再建。54名の内、敗戦時に20～30歳代であった人が7割であり、再建の中心となっていく。当時は建設省と厚生省に「水道課」があり、前者は技術管理、後者は事務管理を担った。国民は、露命を繋ぐのがやっとで、安全な飲用水にも事欠いた。生命に直結する事業なのに、上下水道分野の社会的評価は低く、下水道分野は疎外されていた。彼等の辛酸は言語に絶したが、困難の先には「真の水道行政一元化」という希望があった。

[第2期] 3分割から新水道法制定（昭和32（1957）年）、新下水道法制定（33（1958）年）を経て下水道行政一元化（41（1966）年）までの9年間

政府首脳部は極秘裏に「上水道行政は厚生省、工業用水道行政は通産省、下水道行政は建設省に3分割」、さらに「下水道行政を管路系統が建設省、処理場系統が厚生省の所管と2分割」を決定し、部門毎に新法を制定した。歪んだ縦割行政時代の出現である。下水道関係者は「下水道行政一元化」に立ち上がり、9年後に一元化が実現する。

［第3期］ 上下水道行政の完全分離時代の50年間

今や完全分離時代も50年を経た。第1期は、上水道普及率30％弱、下水道普及率は零に近い状態だった。現在は、上下水道とも「国民皆普及」に近くなっている。現代の上下水道事業を築いた人々は、この事実を前に何を思っているだろうか。読者には深く思いを巡らせていただきたい。

●新しい時代を築く

現在の上下水道事業関係者の大部分は、第3期に育った人達である。第1期に辛酸をなめた人物達が「真の一元化」を希望した理由は何か。

今、日本の水循環サイクルは歪んでいないか。水道水源の水質汚染事故も増加している。日本列島は、災害列島化しつつある一方で、人口減少社会に向かう中、施設老朽化が進んでいる。新しい時代に続く今は、質的な内容こそ違え第1期と同じ状況にあるのではないか。いわゆる60年周期説によれば、人が時代を築くといっても、絶対不変の体制は存在しない。時代は、徐々に社会の現実から乖離し、60年も経つと転換の時が来る。この本が読者にとって新たな時代を築く糧になることを心から願っている。

稲場紀久雄

平成30年12月

1 敗戦後の上下水道事業の再建担った不撓不屈の人

岩井 四郎

明治39（1906）年～平成10（1998）年

■創業の人

岩井は、敗戦後のわが国の上下水道事業の再建を担った。生涯過酷な試練に何度も遭遇したが、不撓不屈の闘志で克服した。勇将の名に相応しい人物であった。

■生死の岐路

昭和17（1942）年7月、西南艦隊がセレベス島マカッサルに設けた民生府に内務兼海軍技師として赴任した。任期は2年間だったが、交代要員が決まらず、ずるずる延びた。20（1945）年早々、内地帰還命令が出される直前「モロタイ方面からビートン港に向かって退却中の陸軍部隊を収容する艦船用の飲用水を確保するためメナドに急行すべし」という命令を受けた。作戦は、米軍の大空襲で失敗。3月10日マカッサルに戻った直後、「明日（11日）スラバヤ出向の赤十字交換船阿波丸で内地に帰還して良い」との通知。阿波丸は、連合国側が攻撃しないと保証した交換船だった。しかし、岩井は「明日までにスラバヤにたどり着くことなど不可能」と涙を呑んだ。ところが、その阿波丸が4月1日夜半、台湾海峡で米海軍の潜水艦に攻撃され、4発の魚雷を受けて沈没。2000名余りの乗船者は、海の藻屑と消えた。岩井は、生死を分ける危機を何度も乗り越え、21（1946）年5月復員した。

■建設省水道課長

岩井は、復員後内務省国土局道路課水道室（室長杉戸清）技官となり、内務省解体後は昭和23（1948）年1月建設院へ移り、水道課長に抜擢された。政府初の水道行政専管課の課長である。時に42歳。建設院は、同年7月建設省に昇格。岩井は、建設省水道課長となった。

就任後1週間ほどして、厚生省公衆衛生局にも水道課（課長田中鑑）が創設された。岩井は、暗然たる気持ちになった。上下水道行政は、草創期から内務省衛生局が行政全般を、同土木局が技術全般を総括してきた。2つの水道課誕生にはこの背景があるとしても、行政の主体が2つあれば、混乱は免れない。

わが国の都市は、再建が急がれた。水道施設の復旧と新設は、焦眉の急。建設省水道課は「水利権や技術面の相談で門前市をなす盛況」(岩井『米寿』、43頁)で、岩井を先頭に再建に立ち向かった。地盤沈下問題を契機に工業用水道の育成にも努めたが、岩井がいくら努力しても、報われることは少なかった。常にその元凶は、2頭立ての行政体制だった。

■初代下水道課長

水道行政3分割が昭和32(1957)年1月18日閣議決定された。岩井は、「各省行政事務官僚の妥協によって決められた」ことに怒り、辞表を提出。同僚の総務課長志村清一は、こう語っている。「当初案では、下水道行政はすべて建設省となっていたが、衛生関係の強い反発にあい、終末処理場を分離した。私は、岩井さんに不合理極まるが、〝名を捨て、実を取るべし〟と慰留した。」(『岩井四郎さんを偲ぶ』、22頁)

岩井は、「辞任は、新生の下水道課と下水道行政を軌道に乗せてから」という意見に同意した。「課員の動揺を鎮め、新たな下水道行政の基本になる新下水道法を制定すること。これに目途が立った時点で建設省を去る」。岩井は、こう決意し、新法案の立案に心血を注いだ。法制局の法案審査は強行軍で、志村によると「疲れ果てた岩井さんが転んで、頭から血を流した」こともあった（同24頁）。岩井の方針は、下水管渠と終末処理場の管理を下水道法一本で行うこと。厚生省には、終末処理場の管理を清掃法の下に置く考えがあった。岩井は、この考えに与せず、地方自治体も岩井の方針に歩調を合わせた。下水道法は、33（1958）年4月24日公布された。岩井の方針が、その後の下水道行政一元化に決定的な影響を与えた。岩井は、さらに1年下水道課に踏み止まり、新体制が軌道に乗るのを見届けて34（1959）年7月退官した。下水道事業は、まさにその頃、夜明けを迎えた。

■基礎を築いて

岩井は、昭和34（1959）年12月荏原建設㈱を創業し、専務となった。43（1968）年9月には同社のコンサルタント部門を分離独立させて、日本水工設計㈱を創設した。そして、45（1970）年4月同社の社長に就任した。建設省時代の部下が膝下に集まった。さらに全国上下水道コンサルタント協会の結成に重要な役割を果たした。岩井は、その生涯をわが国の上下水道事業発展の基礎造りに捧げ、平成10（1998）年1月28日大往生を遂げた。享年91。

（2013・9・26掲載、稲場紀久雄）

2 わが国の下水道事業の揺籃期をリードした福井市長

熊谷 太三郎

明治39（1906）年～平成4（1992）年

■贅沢な事業なのか

福井市長熊谷太三郎は、昭和26（1951）年上野精養軒で挙行された水道協会（現・日本水道協会）主催の全国下水道事業促進大会の席上、強い調子で言い放った。

「26（1951）年度の公共事業費総額約577億円の内、下水道事業予算はたった6千万円。政府のこの無関心の態度には悲しまずにおれない。ある役人が君のところで下水など贅沢だと言った。果たして贅沢な事業なのか。都市にとって下水道ほど重要な事業はない。然るに僅か6千万。金がないからやれないということではない。公共事業の各分野の予算を少しずつ割けば、予算は用意できる。下水道の重要性を認識しないからできないのだ。政府並びに国民は、一刻も早く認識を深め、その促進に万全の対策を講じられることを念願する。」(『たちあがる街から』、101〜103頁、30(1955)年、品川書店)

この年、有志市長が下水道の必要性を政治的にアピールするため、全国下水道促進会議を結成した。委員長には広島市長浜井信三、副委員長には福井市長と青森市長が選任された。この会議が後に日本下水道協会へと発展した。

■完全な都市とは

熊谷は、〝下水道がない都市は、完全な都市ではない〟という信念を持っていた。玄関や座敷が立派でも、人間生活の後始末もできないようでは、虚栄の都市でしかない。郷里福井市を下水道完備の都市にしたい。熊谷は、京都帝国大学経済学部を卒業した昭和5(1930)年頃からこの夢を秘めていた。11(1936)年福井市議会議長就任3年目、改良下水計画の設計を京大の大藤教授に委嘱した。大藤は、バルトン直系の衛生工学の専門家だった。しかし、太平洋戦争が勃発し、計画は頓挫した。福井市は、敗戦直前の7月19日大空襲で焼け、さらに3年後福井大震災で壊滅的状態に陥った。熊谷は、敗戦後すぐ福井市長に推され、疲弊した福井市の復興の全責任を担うことになった。この時、熊谷の脳裏に下水道の夢が蘇ったのだった。

■政府に決議を突き付け

熊谷は、昭和26（1951）年11月6日、全国下水道促進会議副委員長に就任し、30（1955）年10月6日第4回大会で委員長に推戴された。翌年1月18日、第5回大会開催当日、政府は水道行政3分割の閣議決定を発表した。大会会場は、騒然となった。久保赳は、「建設省当局関係者は呆然自失の状態でした」と言っている。熊谷は、沈着冷静で、直ちに「政府部内の下水道行政の機構強化」の決議を行い、政府に突き付けた。

「下水道行政の機構強化に関する陳情

下水道事業は、今後益々重要性が加わり、かつ緊急なるものがあるので、政府は下水道事業発展のため、さらに一層のご理解とご努力とをお願いいたします。特に建設省においては下水道行政を専管する課を設置され、下水道事業の強化拡充をされんことを切望いたします。

下水道促進会議委員長　福井市長　熊谷太三郎」

新下水道法が管渠系と処理系とを統合した内容で制定できた背景には、有力自治体の首長達の一貫した熱意と支援体制とがあったためであろう。

熊谷は、建設省に下水道課が誕生したその日、わざわざ上京して、課員を前に「日本政府部内に下水道専管の課が誕生したことは歴史的な慶事であります」と祝意を述べた。この言葉が下水道行政に携わる職員を奮い立たせた。

■福井市下水道記念室

下水道は、施設の大部分が地下に埋設される。熊谷は、市民が下水管を見ることができれば、理解が深まると考えた。そこで、着想したのが下水管の様子が見られる下水道記念室の建設であった。記念室は、ちょうど60年前（※掲載時から）の昭和28（1953）年に設置された。わが国最初の啓発施設、いわば下水道博物館と言えるのではないか。熊谷は、市民の理解を深めるためさまざまな形で心を砕いたのだった。

熊谷は、その後34（1959）年福井市長を退き、37（1962）年には参議院議員となり、連続5期当選した。議員在任中も下水道事業の発展を側面から支援し続けた。52（1977）年には国務大臣科学技術庁長官に就任し、62（1987）年には参議院本会議において永年勤続議員として表彰された。こうして熊谷は平成4（1992）年1月15日、大往生を遂げた。享年85。

■下水道の恩人

岩井四郎は、黎明期の熊谷を次のように評している。

「福井市が東京都の下水道予算に匹敵する予算を注ぎ込んで（略）下水道事業を計画通り完成したことは、当時の下水道界に少なからぬ刺激を与えた。熊谷市長は、わが国の下水道事業の拡大の先導役を努められた。」（『米寿』44頁）

久保赳は、熊谷の逝去に当たり、追悼文『下水道の恩人熊谷さん』を捧げ、その功績を讃えた。

（2013・10・10掲載、稲場紀久雄）

3 局長、助役、市長として名古屋市上下水道の礎を

杉戸　清

明治34（1901）年～平成14（2002）年

■名古屋市への奉職

杉戸は大正15（1926）年東京帝国大学卒業、恩師草間教授の勧めで名古屋市の水道拡張事務所に入った。同市の水道は大正3（1914）年給水開始、10（1921）年隣接16町村を合併したためちょうど第3期拡張事業最盛期であった。入庁直後であったが杉戸は犬山取水口移設工事などの設計を担当し、当時目新しい鉄筋コンクリートの採用や難しい計算をすべて行った。

全国で初の活性汚泥法の処理場を計画した名古屋市は、石下課長の

下、その設計を下水道へ移り下水課工務係長になった（昭和4（1929）年）杉戸に託した。唯一のテキストであるマルチン著『アクティベイテッド・ストラテジック・プロセス』を徹底読破し、堀留・熱田両処理場を設計。実に翌5（1930）年に竣工させるという猛スピードであった。施設の地下化（曝気槽の覆蓋と臭気塔）、合流式対策の貯留槽など現在のモデルともなる斬新なもので、設計期間も極めて短く複雑な構造を手計算で、という秀作であった。旧制第八高等学校で杉戸は、「ワタシノ女房ハ世界デ一番美シイ、トイフコトヲ定理トシテ成立セヨ」といった論理的考察力が試される「八高の数学」を得意とし、その解答が独創的で精緻な論理であったのを褒めた教授が120点を付けたほどだった。そんな杉戸だったからこそ、困難な設計も極めて短期間に完遂できたのであろう。

■中村に生まれて

秀吉・清正生誕の地、中村（現・名古屋市中村区）で明治34（1901）年に生を受ける。杉戸は「みんな秀吉のことを運が良かったと思っているよ。そうじゃあない…あれだけ大きなことをやる人間は不惜身命よ…命も惜しまず、自分を犠牲にして命を張って生きている奴はおらん」自身も「人一倍に自分の体で骨を折る…一生懸命働いて、自分の頭の足らぬところを補っている」と述べている、秀吉の生き様に相通じるものがある。

■内務省時代

河口協介（元大阪市水道局長、初代水道協会（現・日本水道協会）理事長）から「内務省へ来い」との勧めを受け、市を辞職し内務省技師となったのは昭和14（1939）年である。事業認可や起債の許可、鉄管の配給など、全国の水道を仕切った。戦争になり出征すると将校が「招集解除だ…日本の水道が困る」と言うので連隊長に挨拶に行くと、市に入ってすぐに1年志願兵として千葉鉄道連隊に入隊した当時の担当中尉であった。

■局長から助役、市長へ

原爆が投下された直後、広島と長崎へ赴き、そこで玉音放送を聞いた杉戸は、戦災復興院で日本の立て直しに日夜専念したが、塚本名古屋市長の要請により昭和22（1947）年戦争で壊滅した名古屋に戻り、45歳の若さで水道局長となった。応急復旧や本格的な漏水防止工事に全力を注ぎ、その復興の早さに対して市長から表彰を受け、欧米視察という褒美まで貰った。また23（1948）年下水道人のバイブルとなった全編500頁の『下水道学』を著すとともに、この間、富山、岐阜、三重、静岡など足が届く限りの地域において水道事業を指導する顧問としても大活躍した。

34（1959）年伊勢湾台風の時には、助役として高齢の市長に代わって陣頭指揮を執り、その活躍を世が認めるところとなり、36（1961）年の初当選以降3期12年にわたり市長として市政の舵を取った。日本下水道協会会長に就任したのは43（1968）年で、久保赳や長谷川清十郎と共に下水道界の発展に努めた。

■ライフワーク

杉戸は、子供の頃に泳いだ名古屋の母なる川、堀川あるいは新堀川、中川運河の浄化をライフワークとし、下水処理の他、木曽川導水や海水の環流という三川浄化計画を提唱した。現在、一部未完成であるが、杉戸のライフワークは同じく堀川の浄化を夢見る約5万人の市民による浄化活動としても引き継がれている。

「みなもとは　木曽の山々　遠霞」。水源である木曽川の流れを生み出す山々に対する杉戸の深い感謝の念が感じられる句である。平成14（2002）年4月24日大往生。享年100。

（2013・10・31掲載、山田雅雄）

4 現代下水道行政の礎石となった豪腕の人

寺嶋　重雄

明治45（1912）年～平成17（2005）年

■節を曲げない強さ

　寺嶋重雄は、建設省第2代下水道課長だが、初代岩井四郎と3代目久保赳に挟まれ、それほど目立たない存在である。徳川幕府の第2代将軍秀忠が初代の家康と3代目の家光の間にあって、さほど注目されないのに似ている。しかし、秀忠は、徳川幕府の基礎を磐石にした最大の功労者であった。寺嶋もまた、現代下水道行政の基礎を築いた。寺嶋は、どこか茫洋とした人であったが、困難に遭遇しても節を曲げない人であった。昭和40年代は北海道大学工学部衛生工学科の教授だったが、この頃は学生運動が盛んであった。寺嶋は、学生達から「頑固親爺」というあだ名を奉られた。どんなに攻撃されても、自説を曲げることがなかったのである。

■寺嶋と岩井の関係

寺嶋は、昭和11（1936）年北大工学部土木工学科を卒業すると同時に大阪市水道部の技手になった。岩井四郎は、その頃同部の技師であった。寺嶋は、21（1946）年戦災復興院に移るまで10年間在職する。一方、岩井は17（1942）年請われて内務技師兼海軍技師となり、セレベス島に渡った。従って、2人はおよそ6年間職場を同じくした。寺嶋は、岩井が大阪市を去った後、水道施設の防空対策に追いまくられ、敗戦後建設省水道課で岩井に再会する。寺嶋は、間もなく課長補佐を経て専門官となった。2人は、似た資質の持ち主で、分け隔てのないコンビだった。水道課時代の2人の呼吸は、ぴったり合っていた。

この時代の寺嶋の重要な仕事は、「水道施設基準」の策定である。水道施設の戦災復興は急がれたが、水道技術者が不足していた。このため、施設基準の制定は、急務だった。寺嶋は、不眠不休の努力を傾けた。当時の水道課員は、その熱意に尊敬の念を新たにした。

■下水道整備長期計画に先鞭をつける

水道行政3分割によって皮肉にも下水道行政二元化体制が生まれた。岩井は、後事を寺嶋に委ね、新下水道法を置き土産に建設省を去った。

寺嶋は、昭和34（1959）年7月16日第2代下水道課長に就任した時から久保赳にバトンタッチするまでの4年間、二元化体制の下で骨の髄まで辛酸をなめ尽くした。そしてその中から、なすべき課題が浮かび上がり、形を整えていったのである。この時期は、池田内閣の所得倍増計画とそれに伴う高度経済成長期に重なる。河川、湖沼、海域の水質汚濁が顕著になり、その克服には下水道整備が不可欠だという認識が浸透し始めた時期でもある。寺嶋は、時期を失することなく、36（1961）年度を初年度とする「新下水道10カ年計画」と下水道整備促進法案を提案した。向こう10カ年に4000億円を投資し、普及率を14％から40％に引き上げる計画である。寺嶋は、新下水道法案策定時のキャップとして処理場からの放流水の水質基準を当時の最高水準とすることを決めた人であった。長期計画を軌道に乗せて、河川や海域の汚染を阻止したいという思いが誰よりも強かった。久保赳は、「寺嶋さんは、下水道整備計画を所得倍増計画に載せた。社会的に顧みられなかった下水道への理解が深まり、関係者は愁眉を開いた」と回想している（『下水道協会誌』520号）。

■下水道財源の理論的構築

最大の功績は、下水道財政の理論的構築を目指して、下水道財政研究委員会を昭和35（1960）年4月に立ち上げたことである。下水道整備を安定軌道に乗せるためには、財政の理論的な裏づけが不可欠である。委員会は、日本都市センターと全国市長会の合同で設置され、地方財政の権威者荻田保を委員長に、建設、自治、厚生の担当局長、有力な市長、学識経験者で構成された。さまざまな議論を経て「雨水公費、汚水私費の原則」が打ち立てられた。寺嶋が課長に就任してからの各年の予算要求説明書を読むと、胸に迫るものがある。建設省の要求案と厚生省のそれがある。2人の御者がそれぞれに同じ1台の馬車を同時に御する。まかり間違えば、どんな事故が起こらないとも限らない。寺嶋が思うようには走らない。簡単に節を曲げる人ではとても務まらない。こうして、寺嶋は4年後の38（1963）年7月久保赳にバトンを委ねた。

■下水道事業に捧げた生涯

寺嶋は、昭和40（1965）年4月北大工学部衛生工学科の下水工学講座の教授に就任し、11年間にわたり多くの学生や研究者を育て、世に送り出した。その後、51（1976）年12月日本下水道協会専務理事に就任し、59（1984）年6月久保赳にバトンタッチした。寺嶋は、生涯2度久保赳に後事を委ねた。享年93。

（2013・11・11掲載、稲場紀久雄）

5 下水道行政一元化を実現し、下水道の使命に総合水管理の理念を掲げた不世出の指導者

久保　赳

大正9（1920）年〜平成23（2011）年

■試練を超えて

久保赳は、札幌に生まれた。中学時代、結核で1年間休学。徴兵検査では、身長は180㎝近いが、体重は49㎏と痩せていて「丙種合格」。昭和19（1944）年北海道大学卒業と同時に満州国高等官試補に任官し、官吏養成学校大同学院に入学。20（1945）年7月学院を卒業し、ハルピン航空処に着任した直後、ソ連軍の侵攻が始まった。21（1946）年10月札幌に引き揚げるまでの1年3カ月余り、久保の辛酸は筆舌に尽くし難い。

帰郷直後、恩師井口鹿象教授に神戸市戦災復興本部の原口忠次郎本部長に会うように勧められた。神戸市に急行した久保は原口と海淵養之助に会い、神戸市入りを決意する。これが久保と下水道事業との出会いである。久保は、2年近く海淵の下で下水道を学び、建設省水道課に転じた。24（1949）年5月結婚したが、翌年8月結核が再発する。久保は、その後10年以上治療薬を手放せない。32（1957）年1月18日には水道行政3分割が断行され、職場も崩壊の危機に見舞われる。建設省所管の下水道行政は、深い霧に閉ざされ、進む方向さえ定かではなかった。

■政策ビジョンを描く

原口は、〝試練に耐え、なお真理を求める〟久保に相応しい職場を与えたいと考えた。当時参議院議員で、内務省土木局の大先輩として建設省に強い影響力を持っていた原口は、久保を水道課に押し込んだ。久保は、運命の導くままに中央の行政壇上に登った。この忍耐時代に、河海の水質保全に果たす下水道の役割に着目する。朝鮮戦争特需で、経済は復興していくが、公共用水域の水質汚濁は激化の一途をたどる。久保は、下水道事業を生活環境保全のみではなく、河川流域の水資源管理の一翼と捉えた。満州の荒野に夢を馳せた久保は、対象を大きく捉え、決してポイントを見逃さなかった。

昭和26（1951）年3月、経済安定本部が「水質汚濁防止に関する勧告」を出した。31（1956）

年8月、WHO顧問のC・W・クラッセンが来日した。久保は、勧告をつぶさに研究し、クラッセンに教えを請うた。さらに、本州製紙江戸川工場事件の勃発を契機とする水質二法の制定にも関わった。その後、34（1959）年4月、建設省土木研究所下水道研究室の初代室長に就任し、ロンドン大学大学院に留学した。久保は、積極的に知識を吸収し、ビジョンを描いた。帰国後発表した「英国の下水道について」（『下水道会報』、35（1960）年12月）には、その輪郭が認められる。同じ道を歩んでいた北大の先輩大井上宏は、こうした久保に課長ポストを譲った。寺嶋重雄は、わが国の下水道行政を久保に委ねた。

■現代下水道行政の基礎を築く

久保は、昭和38（1963）年7月建設省下水道課長に就任するや、政策実現に邁進した。久保が構築した現代下水道事業制度の主要項目を列挙する。詳細は、『遺稿久保赳自伝—熊蜂のごとく—』（水道産業新聞社、平成24（2012）年11月刊）に譲る。

下水道行政の一元化／下水道整備緊急措置法制定／新下水道法の改正／建設省下水道部の創設／流域下水道制度及び流総計画制度の創設／下水道財政の健全化／下水道事業センター及び日本下水道事業団の創設

46（1971）年1月、政界の要路から下水道行政を新設の環境庁に移管させたいという意向が示された。久保は、この提案を総合水管理の実現を期したいと断った。移管を進めた田村元代議士は、しみじみと語っている。

〝建設省では、苦労しても局長にもなれない。環境庁なら、努力が報われるのだが…。〟

久保の真理を求める信念は、こうしたことに揺るぐことはなかったのである。

■将来を心配しつつ

久保は、昭和50（1975）年7月退官した。学界や政界に転身することもできたが、下水道界は久保の識見を必要とし、また久保も下水道界に愛着があった。久保は、日本下水道事業団理事長、日本下水道協会理事長、下水道総合研究所理事長を歴任し、下水道事業を支え続けた。平成6（1994）年8月には日本人で初めてストックホルム水賞を受賞した。しかし、退官後、久保の脳裏を離れなかった課題は、総合水管理体制の構築であった。先進諸国は、この方向で足並みを揃えていた。久保の最後の10年間は、このために捧げられた。そして、水管理基本法の制定という課題を遺して逝去した。享年91。

（2013・11・18掲載、稲場紀久雄）

6 下水道促進運動に捧げた人生、日本下水道協会の設立に尽力

長谷川　清十郎

大正3（1914）年～昭和50（1975）年

■官界を去り

長谷川清十郎は日本下水道協会（以下、下水協）の設立に情熱を傾け、下水道促進運動に人生を捧げた。

昭和30年代前半の下水道事業は、大・中都市を中心に全国で140余りの都市が実施している程度で、下水道事業費も微々たるものであり、まったく低調であった。昭和32（1957）年1月18日に断行された水道行政3分割では、下水道行政は建設省と厚生省に二元化された。

長谷川は、当時、建設省計画局下水道課課長補佐であった。下水道

行政の大混乱の渦中で、下水道事業に人生を捧げることを決意した長谷川は、官界を去り、35（1960）年に全国下水道促進会議の事務長となる。

■資金集めの日々

全国下水道促進会議は、全国の中都市の市長らが中心となって、下水道事業の財源確保を主眼に、昭和26（1951）年に水道協会（現・日本水道協会、以下、日水協）内に設立された。事務所は水道協会の片隅に置かれていたが、全国下水道促進会議の財政基盤も脆弱であった。長谷川は毎日のように下水道に関係ある会社を訪ねては、会の目的や事業を説明し、資金を集めた。こうして得た資金で、全国下水道促進デーや下水道促進婦人会議などのアイデアを次から次へと実現し、下水道に対する世論喚起や認識の向上を図っていく。こうして、徐々にわが国の下水道は発展の足場を固めていくのである。

■日本下水道協会発足

全国下水道促進会議による広範な活動が積み重ねられ、その成果は下水道事業予算にも逐年反映される。下水道関係者の連帯感は確実に強化され、次第に下水協設立の気運の醸成へと連なっていく。下水協の設立には、日水協内部や一部自治体に慎重な意見があった。そのため、昭和38（1963）年5月、日水協及び全国下水道促進会議の合同委員会という形で下水協設立準備委員会が設置された。設立準備委員会は同年8月に開催された第4回委員会で、「速やかに下水協を設立することを適当と認め、会員の会費負担が過重にならないように十分配慮する」という答申を、日水協及び全国下水道促進会議の会長に提出した。

下水協は、39（1964）年4月に設立総会が開催され、発足した。

■八面六臂の活躍

長谷川は総務部長、次いで事務局長、さらに昭和47（1972）年には推されて専務理事に就任し、八面六臂の活躍を展開していく。当時の下水道事業は、下水道行政の一元化、下水道法の改定、下水道整備5カ年計画の策定、事業費の拡大、財政問題、技術の指針化、職員養成、国際交流等々問題山積であった。長谷川は多くの地方自治体の首長との絆を密にし、要望を取りまとめ、政治的に盛り上げた。長谷川は久保赳との二人三脚で、建設省と水も漏らさぬ作戦を展開し、次々と実現に結びつけていった。

■突然の病魔が

下水協は昭和49（1974）年7月、創立10周年記念式典を挙行した。下水協への期待と要望がますます高まる最中の同年12月、下水協定時総会後に突然長谷川を病魔が襲った。急性骨髄性白血病であった。以後、入退院を繰り返したものの、翌50（1975）年10月25日逝去した。享年61。

療養中、長谷川は「日本下水道新聞」に『この道を行く』を執筆した。病状と近況を報告しつつも、下水道に対する並々ならぬ情熱を示した。その中で、下水協について、「当協会は、1日1日前進し、自分自身の向上に努め、時代の先取りをする心がなければ責務の遂行は難しい。名も地位も捨て、裸一貫で下水道事業の発展に取り組む姿勢が常に必要である」と戒めの言葉を投げ掛けている。

■人間的優しさ

『水道公論』昭和50（1975）年10月号に執筆した「美と安らぎをもとめて…」では、趣味である古寺巡礼、歌舞伎、文楽、音楽、山川草木等について書き記した。死期を悟った長谷川の人間的優しさや極楽浄土へ旅立とうとする安寧な気持ちが醸し出されている。「美と安らぎをもとめて…」はあと2回連載される予定であったが、これが遺稿となった。温厚篤実で、しかも熟慮断行の人であった。11月6日に青山葬儀所で執り行われた葬儀は「日本下水道協会葬」の形をとり、田村元衆議院議員をはじめ、岡崎平夫岡山市長、島野武仙台市長、大野元美川口市長ら多くの首長が参列する荘厳な葬儀であった。会葬者は1000名を数え、その遺徳を偲んだ。戒名は誠徳院釋清覚居士。「公益社団法人日本下水道協会」は、平成26（２０１４）年には創立50周年を迎えた。

（２０１３・11・21掲載、照井仁）

7 「オリンピック渇水」を回避し、利根川導水に道筋

小林　重一

明治38（1905）年～平成17（2005）年

■小野基樹の知己を得て

東京水道との関わりは昭和4（1929）年、京都帝国大学3年生夏の校外実習から始まった。翌5（1930）年に、そこで先輩の小野基樹拡張課長の知己を得て、就職難時代であったが東京市に就職することができた。以来、39（1964）年に退職するまでの34年間の内、昭和20（1945）年の終戦までは主に建設関係、その後は維持管理で、最後の4年間は局長を務めた。

建設関係では、昭和11（1936）年より小河内貯水池建設事務所

に勤務したことが特筆される。工事掛長として工事専用道路、仮排水路の築造、基礎岩盤掘削等を施工し、18（1943）年にはダムコンクリートを打ち込むまで進んだが、戦争激化のため工事中止を余儀なくされた。

戦後は空襲により甚大な被害を受けた水道施設の補修や漏水防止等の復旧に、当該責任者の配水係長として心血を注いだ。

一方、増え続ける水道需要に対処するための施設拡張工事は遅々として進まず、既存の施設を精一杯に活用して給水しても、出水不良地区の解消には及ばず、少々の渇水にも制限給水を実施せざるを得なかった。

■需要急増期の安定給水に尽力

昭和30（1955）年。給水部長になってからも相変わらず給水不良と未給水区域解消、渇水防止対策で苦労した。金町浄水場の応急給水対策事業、長沢浄水場の新設等施設の増強が続けられたが、戦後の経済復興による水道需要の激増は凄まじく、最大時には年間に当時の長崎市の給水規模に匹敵するほどの需要増加量で、供給が到底追いつける状況ではなく、制限給水は毎年のように行われた。

35（1960）年に局長に就任して、36（1961）年10月から始まった制限給水は解除されることなく、特に39（1964）年8月には50％にまで制限を強化、10月の東京オリンピック開催を目前にして、深刻な状況に至った。マスコミはこれを「東京砂漠」と揶揄した。当時、河野一郎オリンピック担当大臣から緊急対策会議で残り少ない貯水量を放出して僅かでも制限を緩和するように要請されたが、小林局長は臆することなく、理路整然と意見を述べ反対した。大臣も快く理解し、かねてから進めていた利根川を水源とする工事の内、荒川からの暫定取水対策により、給水危機を回避できた。このことは終生忘れ得ぬ感激の1日となった。

利根川導水の端緒をつけたのを機に、局長を退任、39（1964）年10月日本水道協会（以下、日水協）理事長に就任した。

■協会運営活動の発展に貢献

協会にあっては全国的に水道事業の直面する財政問題、政府に要望する企業債の拡大、国庫補助強化、水源開発促進、水源汚濁防止、水道法改正などいずれも解決に容易でない難問題が多かったが、副会長制採用などにより政治力を強化して、強力な請願陳情を図った。

水道界を代表する立場から水道制度の調査、地方公営企業財務会計制度、地震災害対策、消防施設費用調査、水質基準の調査など、主務官庁からの諮問事項についてそれぞれ委員会を設置して答申を行うとともに、中央公害対策審議会、河川審議会、水源開発審議会、生活環境審議会等の委員を務めた。特に昭和41（１９６６）年、厚生省の公害審議会水道部会長として、「水道の広域化方策と水道の経営、特に経営方式に関する答申」では広域化の促進を強調している。

また、水道関係職員の養成と質の向上のため水道事業管理者研修、水道経営事業講習、水道技術者研修など各種研修の実施に力を注いだ。一方、協会の健全な活動を支える財政の再建、協会の重要な業務である検査事業の合理化にも力を尽くした。

46（１９７１）年日水協専務理事を退任してからは、小河内建設事務所時代の上司で先輩でもあった亀田社長の経営する㈱東京設計事務所に迎えられ、顧問、副社長、相談役を歴任した。

晩年は若い後輩とも気軽に接し、会合に、ゴルフ、旅行、麻雀にも付き合って楽しんだ。生涯を水道に尽くした身にとっては平穏の年月であったと言える。

平成17（２００５）年8月に満１００歳を迎えたばかりの翌9月、天寿を全うした。

（２０１４・１・27掲載、田中文次）

8

下水道事業の財政メカニズムを体系化し、草創期の事業発展に貢献した

荻田　保

明治41（1908）年～平成15（2003）年

■地方行財政界の実力者として

荻田保は、第1次、第2次の下水道財政研究委員会（以下、財研）の委員長として下水道事業の財政メカニズムを体系化し、草創期の事業発展に貢献した地方行財政界の長老である。大蔵・自治関係者や地方自治体の首長等に受け入れられる財政メカニズムを案出することは至難の業である。荻田は、この難題を見事に成し遂げ、草創期の下水道事業の発展に結びつけた。

荻田は、明治41（1908）年三重県に生まれ、昭和6（1931）

年東京帝国大学法学部卒業と同時に内務省に入省した。17（1942）年には陸軍司政官としてシンガポールに駐在している。建設省初代下水道課長の岩井四郎は、同じ年に内務兼海軍技師としてセレベス島マカッサルの民生府に派遣されている。また、下水道事業に貢献した政治家田村元は、三重県出身である。私の想像だが、荻田はこれらの事実から彼等と何らかの接点を持っていたのかもしれない。

■荻田の地方財政に対する基本姿勢

荻田は、昭和20（1945）年10月内務省地方局財政課長を命ぜられ、翌年7月官房文書課長に転じ、会計課長を兼務した。敗戦直後の混乱の中で、地方団体は財政的に疲弊の極みにあった。荻田は、その再建の重責を担った。

当時は、3度の食事にも事欠いた。昼食の弁当は自宅で作った大豆粕のパン用の塊だったが、それすらしばしば盗まれた。冬でもダルマストーブで使う薪がなく、燃やせるものは何でも放り込んで暖を取る始末。ともかく、すべてが無に帰した中で再建業務にほとんど不眠不休で取り組んだ。

荻田は、戦中のような強権政治に反対で、地方行政の民主化を推進した（『現代史を語る①荻田保』、107頁）。地方財政の基本を次のように述べている。

「（地方団体は）財政に対しても自主権を持つ。この自主性は、案外に狭い。故に、地方財政に対する批判を地方団体相手にのみ行っても無意味である。逆に、中央を相手に論じても（略）実際に運営は地方団体によって行われるのであるから、これまた要を尽くさない。」（荻田『地方財政講義』、48～49頁、32（1957）年）

荻田は、地方自治体の自主性を基本に据え、地方と中央の相互連携を模索し続けた人だった。荻田という権威者が財研の委員長を引き受けたことは、下水道事業にとってまさに僥倖であった。

■第1次財研—荻田方式—

昭和36（1961）年3月に出た財研の答申を読むと、委員全員の「下水道を進めよう」という熱意が伝わってくる。委員は、自治、建設、厚生各省の担当局長、下水道に情熱を傾けた4名の市長、即ち前福井市長の熊谷太三郎、宇都宮市長の佐藤和三郎、池田市長の武田義三、盛岡市長の山本弥之助、さらに著名な地方財政学者竹中竜雄や藤田武夫など、いずれ劣らぬ論客である。彼等を1つの方向にリードし答申をまとめた背後には、第2代下水道課長の寺嶋重雄をトップとする事務方の努力と荻田の強力なリーダーシップがあった。答申書は、下水道史上に燦然と輝く歴史的名著である。答申は、冒頭に次の現状認識を示す。

「（下水道建設の）財源としては、国庫補助金、地方債、都市計画税、市税、受益者負担金等が充てられているが、いずれがどれだけの部分を負担すべきものであるかという原則が定まっておらず、たがいに負担を免れようとするような便宜主義的な運営になっている」

委員会は、この便宜主義を排し、財政メカニズムの体系化を目指した。打ち出された方針は、「雨水私費部分と汚水公費部分の相殺」という考えに基づく「雨水公費・汚水私費の原則」であり、「奨励的補助から国庫負担的補助への転換」であった。このメカニズムは、その後「荻田方式」と称せられ、草創期の事業の基礎となった。

■第2次財研―相殺論の修正―

昭和41（1966）年に設けられた第2次財研の課題は、第1次財研以降5年の間に進行した都市化や水質汚濁の激化、工事単価の上昇、流域下水道事業推進の必要性など事業環境の変化に適応するために、第1次財研の「相殺論」を実情に合わせて修正することであった。荻田は、第2次財研でも委員長を務め、事務方のトップ第3代下水道課長久保赳と共に国庫負担率の増加に貢献した。

■地方財政の健全化が求められる中で

荻田は、昭和51（1976）年5月第13回下水道研究発表会で特別講演「下水道の財政問題」を行った（『下水道協会誌』１４６号）。この講演の冒頭、荻田は自分が2度にわたって携わった財研の答申が「実際の上において取り上げられ、下水道財政が確立した」と述べるとともに、昭和50（１９７５）年度の地方財政の悪化と今後の財政健全化の必要性を率直に語った。この講演が今後の下水道財政の健全化を促すものと受け取った下水道事業関係者はどれほどいただろうか。荻田は、下水道事業が経済環境の変化に適応し、事業運営の健全性を保持することを祈っていた。

平成15（２００３）年4月9日没、享年94。

（２０１４・３・13掲載、稲場紀久雄）

9 水質保全行政と下水道行政の連携を進めた内務官僚の最長老

新居　善太郎

明治29（1896）年〜昭和59（1984）年

■審議会は隠れ蓑ではない

水質審議会会長新居善太郎の議長ぶりは誠に鮮やかで、傍聴者に爽やかさを与えた。新居は、こう言っている（『水道公論』第3巻8号）
「政府は、審議会を隠れ蓑にしている。審議会は、フリートーキングをうんとやらないといけない。私利私欲を離れた激論があるくらいが良い。」

新居は、内務官僚の逸材だった。大正10（1921）年東京帝国大学英法科を卒業と同時に内務省に入省。2・26事件で殺害された斎藤実首相の秘書官、土木局の道路課長や河川課長を勤め、さらに厚生省、商工省などの要職を歴任。昭和15（1940）年には鹿児島県知事、19（1944）年には京都府知事、翌20（1945）年には大阪府知事となった。赴任当日、大阪は300機のB29の大編隊に襲われた。新居は、戦災復興の陣頭指揮を執るが、翌21（1946）年9月から5年間公職追放となった。新居は、戦前の内務官僚だが、微塵も権力的なところはない。

■水質汚濁は行政怠慢の集積

新居の水質審議会会長時代の回想記を基に、その実像に迫りたい。

「水質汚濁現象は、過去からの行政怠慢の集積です。本州製紙江戸川工場の事件がなければ、政府は積極的には法律制定に踏み切れなかったかもしれません。大事なことは、後追い行政になる。」（『日本下水道史』、（行財政編）、222頁）

新居の根底には「河川は国民のものであって、一産業、一個人が独占すべきものではない」という思想がある（前出：『水道公論』）。経済発展が急がれるとしても、大事なことを見失ってはならない。江戸川でムシロ旗が立ち、水質汚濁が社会問題になった。政府は、仕方なく水質二法を制定した。積極的に制定したわけではない。後追い行政ではいけない。新居は、現実を少しでも変えたいという切なる願いに突き動かされていた。

■真鍮も錆びる隅田川の汚染

「隅田川地域の真鍮商売の組合長さんが来て、あの橋を渡ると錆びて真鍮の色が変わってしまうと言うのです。川が臭くて、河岸の料理屋は店仕舞いだと言うし、弁護士会長が来て、人権無視だと言う。とにかく隅田川の場合は、他の水域と様子が違うのですね。」(前出『日本下水道史』)

東京伸銅品問屋組合は、昭和35(1960)年東京都議会に「伸銅品変色問題の解決の手段たる河川(隅田川)清掃促進に関する陳情書」を提出した。内容は、「千住大橋から両国橋の間で銅や真鍮などの伸銅物が非常に腐食する。隅田川の汚染防止対策を講じてほしい」というもの。人権擁護委員会は、隅田川沿いで多発する喘息様症状を問題視し、人権問題だと訴えた。経済のためとは言え、もはや限界を超えていた。水質規制を如何に進めるか、新居には毎日が苦悩の連続だった。隅田川は、さらに悲惨な状況に陥った。39(1964)年の東京大渇水である。流量は極度に減り、その惨状は言語に絶した。東京オリンピックを直前に控え、利根川から余剰水を導水し、隅田川の浄化を行うことになった。

■都市河川方式の導入

「隅田川では加害と被害の因果関係が全く分からないのです。そこで水質保全課長の下河辺淳君が知恵を出して都市河川方式を考えた。下水道で始末する基準と川に直接排出するものの基準とを仕分けしたのです。これは、一方において下水道整備を早くやりなさいということです。」（前出『日本下水道史』）

都市河川方式は、水質規制の中に下水道整備を組み入れた画期的な仕組み。水質保全のために「何年までにどれだけの下水道投資を行う」という方針が明確になり、それが国民への公約になるわけである。

新居は、次のように断じる。

「水質基準を作って守らせる以上、政府と自治体は自分たちがやるべきこと、つまり下水道をきちんと整備することだ。国民にばかりうるさく言うのは、本当の政治、行政の姿ではない。」（前出『水道公論』、11頁）

■下水道整備の勧告を出す

「水質保全法の中に主務大臣が各省大臣に勧告する権限を書いた条文があるのです。この条文に基づいて大蔵大臣をも含めて下水道整備を進めるべきことを勧告したのですよ。」（前出『日本下水道史』）

新居は、水質審議会会長の立場で経済企画庁長官菅野和太郎に水質保全法第13条第3項の規定に基づく勧告を出した。長官は、勧告を受け大蔵大臣などに異例の要請を行った。下水道整備体制は、これを契機に飛躍的に充実する。

■国民と国土に尽くした生涯

新居は、「河川は、国民が親しむことで、守られる。根本は、国民が河川の使い方を考えることです。」と言う。

新居は、恩賜財団母子愛育会理事長を務め、さらに日本公園緑地協会会長としてわが国の公園整備に貢献した。戦後一貫して国民と国土を守る活動に一身を捧げ、昭和59（1984）年1月12日逝去した。享年87。

（2014・3・17掲載、稲場紀久雄）

10 運命的な絆で下水道行政と結ばれ、重要な役割を果たした党人派政治家

根本　龍太郎

明治40（1907）年～平成2（1990）年

■運命の糸で結ばれた政治家

根本は、下水道行政の重要な節目に立会い、その発展に寄与した党人派政治家である。遭遇した節目は、少なくとも5度に及ぶ。根本は、下水道事業と不思議な縁で結ばれた政治家だった。しかし、3度目に久保赳に出会い、2人の間に互いを認め合う関係が結ばれなければ、その後の下水道事業は違った道を歩んだかもしれない。

根本は、秋田県大曲市出身だが、何故か東京帝国大学ではなく京都帝国大学の農学部農林経済学科を昭和7（1932）年に卒業し、満

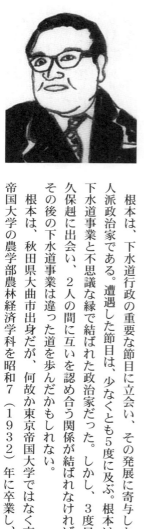

州国官吏になった。東満総省や総務庁の参事官を務め、建国大学の助教授にもなったというから、戦前はエリート官僚だったのである。敗戦後故郷に戻り、22（1947）年4月第23回総選挙に民主党から出馬し当選した。その後、秋田2区を地盤に13回連続当選を果たした。根本の経歴が示すように、根本は満州と京大の人脈に繋がっている。そこに、私は久保との接点を見る。もっとも、両者の心に互いに共鳴し合う同質性があってのことであるが。

■最初の2度の節目

1回目は内閣官房長官として水道行政3分割を裁定した時、2回目は建設大臣として新下水道法案の成立に関わった時である。少し詳しく説明しよう。

まず1回目。昭和30（1955）年の晩秋の頃、建設省事務次官石破二朗は、建設省と厚生省の間の水道行政の確執を解決する決意を固め、官房長官の根本にその裁定を委ねた。根本は、両大臣が自分の裁定に異議を唱えないという言質を得た上で、「上水道は厚生省、下水道は建設省の所管」という裁定を下した。ところが、この裁定は当時の混迷政局の中で立ち消えになった。石破は、1年ほど後、再度水道行政改革を持ち出した。この時には、裁定案は下水道行政二元化の形に変わっていた。この内容は、根本に伝えられたが、根本は重要案件に忙殺されていて、この変化を見落とした。こうして、「水道行政3分割」は、短命に終わった石橋内閣の下で断行された。

次に2回目。根本は、32（1957）年2月に発足した第1次岸内閣の建設大臣に就任し、3分割後の下水道行政の所管大臣になった。最高責任者として気息奄々たる下水道行政の再建を担うことになったのである。根本は、新下水道法案の成立に全力を傾注した。国会審議では衆参両院とも下水道行政一元化問題が採り上げられた。根本は、「今後充分検討して参りたい」と答弁したが、参議院では一元化を求める付帯決議が付いた。

■3度目─久保赳との出会い

久保は、下水道課長に就任すると直ちに下水道行政二元化の真相究明に立ち上がり、当時鳥取県知事だった石破に面会を求めた。石破は、包み隠さず経過を伝え、根本に会うことを勧めた。久保は、根本を訪ね、下水道行政二元化の窮状を率直に伝えた。根本は、久保に自分と同質の心を見て、一元化のために全面的に協力することを約束した。

時あたかも、行政管理庁は、下水道行政監察を進めていた。根本は、行政管理庁関係者を前に下水道行政が二元化の道を辿った経緯を詳しく語った。このことが一元化実現に向けた重要な一石となった。この時の根本と久保の出会いが下水道事業の進展に更なる幸運をもたらすことになる。

■最後の2度の節目

根本は、昭和43（1968）年12月自民党の政調会長になり、その後45（1970）年1月第3次佐藤内閣の建設大臣に就任した。建設大臣は2度目だったが、根本の在任中は、まさに下水道事業の発展期であった。主要な成果には公害国会における新下水道法の抜本的改正、下水道部の誕生、下水道事業センター（現・日本下水道事業団）の創設決定などがある。どれ1つとっても、下水道行政の節目となるものばかりである。根本が久保に全面的な信頼を置き、さらに水資源行政にも一家言を持つ政治家であったことも幸いした。4度目は、強いて挙げれば新下水道法の改正である。流総計画や流域下水道制度の法制化が実現した背景には根本の存在があるのではないか。さらに、5度目は下水道部の誕生である。当時、下水道行政を新設の環境庁に移行させたいという意向が政界では強かった。建設省は、その判断を久保に一任したと聞いている。そこには、久保と根本の信頼関係があったのだろう。根本の政治家としての真骨頂がうかがえる。

■波乱に富むその政治人生

根本は、満州から故郷に戻った時既に40歳だったが、この時から2度目の新たな人生を歩み出した。

根本は、吉田の、鳩山の、岸の、そして佐藤の下で縦横無尽に活躍した。根本は、その政治人生の中で下水道事業の重要な節目に登場し、その都度事業の発展に大きな足跡を残した。眼に見えない太い絆で下水道事業と結び付けられていたのであろう。58（1983）年の総選挙で落選した後、政界を去った根本は平成2（1990）年3月逝去した。享年82。

（2014・4・20掲載、稲場紀久雄）

11 さまざまな特殊継手を考案、不断水工法を推進・展開した民間技術者

矢野 信吉

明治42(1909)年〜平成7(1995)年

矢野信吉は、戦後日本の水道界で一貫して維持管理の重要性を説き、さまざまな特殊継手を考案、さらに断水を不要とする不断水工法を先駆的に推進し展開させた民間技術者である。

矢野は明治42(1909)年、現在の福井県敦賀市で生まれた。祖父の大谷正徳は小浜藩校教授、父は民選議院設立を提唱する福井・松原村(現・敦賀市)村長で教科書編纂も手掛けた教育者・山田信進、そして長兄が子規門下の高商教授、山田三子という教育一家に育った。とりわけ父親の教育方針は熾烈を極め、その反動からか文系より理系の学問を好み、福島、大阪と移った後に名古屋高等工業学校(現・名古屋工業大学)に入学。卒業後は愛知県下の鉄工所に入り若手技

術者として働く一方、宣伝広告部門でも手腕を発揮したという。

この愛知時代に結婚。長男の出生を機に独立を模索し、大阪でのサラリーマン生活を経て昭和16（1941）年、大阪市北区でついに念願の独立を果たす。大同工業所、後の大成機工㈱の創業である。しかし当初は大阪市役所の各部局に各種資材を納入するという内容で、残念なことにセールス・エンジニアだったキャリアを活かす業態には、まだまだほど遠かったという。

転機は、戦後に訪れた。戦争中に結核を病み岡山で療養。再び大阪に戻った時は焦土と化していた。しかし矢野には閃くものがあった。「至るところで水が噴き出していた。これはなんとかしなければ」（『自伝』）。そしてまず世に問うたのが継手部からの漏水を防ぐ「漏水防止金具」（27（1952）年）だった。製品開発のヒントを現場に求め、苦労して開発。幸運にも大阪市がすぐさま採用を決め、矢野の技術力の高さが証明される形となった。続く第2弾として考案したのが「特殊押輪」（33（1958）年）である。管路の抜け出しを防止する画期的な製品としてまさに全国の事業体で採用され、他社も追随。しかも商標登録済の製品名までそっくり流用されたが「良いものだからこそ真似される」と矢野は見て見ぬふりを貫いた。さらに管路破損部を補修する3分割式継手「ヤノジョイント」を開発。初めて自身の名前を冠したこの継手こそ、実は不断水工法に繋がる大きな伏線となる製品であった。

わが国の水道拡張期の真っ只中だった34（1959）年、見慣れぬT字管が日本水道協会（以下、日水協）の展示会に登場する。それが世界初の不断水工事の3分割式「ヤノT字管」であった。そしてここから後年の管路遮断器「ヤノ・ストッパー」や不断水バルブ挿入工法が誕生するのである。

その後も異種管接合用の特殊継手や伸縮可とう管などを次々と開発。一方で昭和40年代に入ると海外にも積極的に提携先を求め、国際会議などでは日本の技術力の高さをアピール。ソフトシールバルブの技術を日本に紹介、国内生産の道筋をつけたのも矢野の海外ネットワークの賜物だった。ちなみに米国で電気ズボンプレッサーを知って持ち帰り、それが家電メーカー創業者に渡って国産化に至ったという逸話も残っている。また2度にわたって日水協理事に選ばれ、水道サロン誌『Ｗａｔｅｒ＆Ｌｉｆｅ』を創刊した。

そんな矢野を石橋多聞（元国際水道協会（現・国際水協会）会長）は「近代水道の百人」を選ぶ座談会で、戦後の水道技術で国際的に評価されるものの１つとして特殊継手、不断水穿孔機の開発・実用化を掲げ、山村勝美（元厚生省水道環境部長）は「その代表選手」として矢野の名を挙げた。晩年はタイ国水道人の研修受入れなどに尽力。平成7（１９９５）年1月の阪神・淡路大震災では闘病中だったが、被災を免れた兵庫県下の自社工場を救援隊に開放するよう指示、水道復旧支援に心を砕いた。しかし同年９月23日、現役社長のまま86年の生涯を終えた。

（２０１４・３・27掲載、矢野隆司）

12 成長期の下水道事業の政策決定に重要な役割を果たした党人派政治家

田村　元

大正13（1924）年～平成26（2014）年

■困難に立ち向かう政治信条

田村は、いわゆる族議員ではない。下水道事業に関わった理由は、その政治信条に発する。自著『政治家の正体』（講談社、平成6（1994）年、108頁）で「官僚を利権探しの手先には絶対にしないことだ。」と断じている。その政治信条は、「政治家が選挙に役立たないという理由で放置している事業に取り組む」ことだった。特に重視した事業は、〝灯台と下水道〟。下水道事業に着目したのは、水道行政3分割直後、下水道行政そのものが途方に暮れている時である。

■尾崎行雄の遺志を継ぐ

田村は、大正13（1924）年5月9日、三重県松阪市生まれ。慶応義塾大学法学部卒業後、郷里に戻りほどなく三重交通社長前田稔の秘書になり、同氏が参議院議員になると議員秘書になった。吉田首相の「馬鹿野郎解散」（昭和28（1953）年3月）の際、地元事情から「当て馬」的に立候補したものの結果は落選。田村は、落選候補の憂き目を骨の髄まで経験し、政治家として開眼する。30（1955）年2月の衆議院選挙に自由党公認で三重2区から立候補した田村は、最年少の30歳で初当選を果たした。この時話題になった「田村の米櫃」の話は有名である。田村の選挙区からは、「憲政の神様」尾崎行雄が出ていた。尾崎は、選挙の前年亡くなり、尾崎票の相当数が田村に流れた。田村は、こう回想している。

「尾崎の後援会の一部は僕を応援してくれた。僕の選挙事務所の入口に米櫃が置いてあり、尾崎の後援会の人は封筒に1杯米を入れて、来る度にそこに入れてくれる。ささやかな献金だったのですね。尾崎先生が強かったのも当然だと思いましたね。」（『時代の証言者』、読売新聞、平成19（2007）年5月16日号）

田村は、こうして尾崎の遺志を継いだのだった。

■田村が関わった下水道事業の重要政策

田村は、次の3つの政策決定に深く関わり、下水道事業の飛躍の扉を開いた。

第1は、昭和46（1971）年度下水道予算の決定。公害国会後初の予算で、事業は飛躍的に成長した。その背後に衆議院大蔵委員長を経験した田村の政治力があった。

第2は、47（1972）年度予算において下水道事業センター設立が難航した時、田村が建設大臣、自治大臣、行政管理庁長官などとの調整役を果たしたこと。

第3は、50（1975）年度予算において「特別の地方債制度」及び「下水道事業センターの日本下水道事業団への改組」について大蔵省、自治省、建設省の調整に当たり、困難な局面を打開したこと。

これらは、建設省の下水道責任者久保赳との密接な連携プレーで結実した。

■スケールの大きな人間的魅力

田村は、その包容力、鋭い政治センス、先見性と行動力、巧みな話術、そして何よりも人情味溢れる人柄によって人々を魅了した。特に久保赳とは盟友関係だった。久保が昭和46（1971）年初め、下水道行政の環境庁への移行を断った時、田村は「君ほどの人材を埋もれさせてしまうのは…」と悔やんだという。久保が断った理由は、『熊蜂のごとく―久保赳自伝―』（水道産業新聞社刊）に詳しい。一読をお勧めする。

田村がこういう大人物だったから、多くの人々がその膝下に集まった。門脇健は、昭和44（1969）年4月『日本下水道新聞』を創刊し、門本圭陽が番記者となった。水道産業新聞もまた、田村の動静を逐一伝えた。一方、田村は、地方都市の財政問題を憂慮していた。横須賀市の毛利素好や豊中市の武島繁雄は、田村の意を受けて一般都市の事業の円滑な執行に動いた。

■広域下水道構想の先見性

田村は、昭和53（1978）年伊勢新聞主催の講演会で「これからの下水道」という講演を行った。この中で次のような提言をしている。

「下水道の進め方ですが、現在、大規模な下水道である流域下水道は都道府県が、地域の下水道である公共下水道は市町村が実施しています。ところがこういう時代は過ぎ去ったと思うのです。むしろ一歩前進させて〝広域下水道〟までもっていく。」（ルート15・下水道調査会、53（1978）年7月）

この構想は、河川流域をベースとする事業経営論に繋がる先見性の高いものといえる。田村の発想の柔軟性には大いに学ばなければならない。

■衆議院議長として大成

田村は、昭和30（1955）年の初当選以来14回連続当選を果たした。その間、党人派政治家としてさまざまな派閥を渡り歩き、政治の苦汁を味わい尽くした。労働大臣、運輸大臣、通産大臣を務め、最後に第66代衆議院議長となった。尾崎行雄の議会制民主主義を象徴する立法府の最高責任者に就任し、本懐を遂げたのである。その後、自民党最高顧問を務め、平成8（1996）年政界を引退した。盟友の久保赳は、既に4年前（平成4（1992）年）日本下水道協会理事長を退任していた。こうして、下水道事業は、一時代を画した。26（2014）年11月1日逝去、享年90。

（2014・4・24掲載、稲場紀久雄）

13 地方都市のエネルギーを結集した熱誠の下水道人

武島　繁雄

大正14（1925）年～平成29（2017）年

武島は、自伝『人生70年望洋の嘆』で、自らの人生を「型破り」と評している。武島は大正14（1925）年京城（現・ソウル）で生まれ、京城工業専門学校土木科を卒業後、民間企業へ就職した。終戦により父の故郷山口県防府市に戻り、昭和24（1949）年防府市水道課に奉職した。27（1952）年、同水道課を退職し、家族と共に流浪の日々を送ったが、改めて29（1954）年小郡町（現・山口市）の水道改良拡張工事係長となった。

■下水道との出会い

武島は、昭和29（1954）年暮れ、浸水解消という課題を前に「やらなければしょうがない」と決意を固めた。31（1956）年から下水道事業に着手したが、計画変更は簡単ではなかった。区域変更は事業認可変更を要するが、力量不足でないがしろにしたため、建設省の寺島下水道課長から「認可変更もとらず工事を進めるなんて、もってのほかだ。補助金返納ものだぞ！」と叱られた。そこで不眠不休の2カ月で変更書類をまとめたが、武島の努力が寺島課長に印判を押させた。武島の信念である「若い時の苦労は買ってでもしろ」はこの時の体験に基づいている。その後、武島は、34（1959）年に水道課長となった。

■発展期の出来事

豊中市は、下水道技術者を求めるべく建設省に要請していた。武島は、昭和38（1963）年に建設省の紹介で豊中市へ主幹として赴任した。国は下水道の普及率を上げるため「生活環境施設整備緊急措置法」を制定し、第1次下水道整備5カ年計画を打ち出した。管渠は建設省、処理場は厚生省の二元行政を改めるべく42（1967）年には、下水道行政一元化が断行された。下水道整備緊急措置法が制定され、第2次5カ年計画に向けて、地方都市の下水道事業拡大が図られた。武島は、地方都市の論客として43年及び44（1969）年の暮れ、自民党本部前にひき幕を持って、約4日間、盟友毛利と共に寒風吹き荒ぶる師走に立ち尽くした。武島が中心になった地方都市の強い要請によって、42（1967）

年から始まる第２次５カ年計画９３００億円の早期成立と43（１９６８）年度予算の内示額の拡大が実現した。武島の活躍は、下水道界の大評判となった。

■竹内市長との出会い

豊中市では、千里ニュータウンの整備（大阪府）と、豊中、伊丹（兵庫県）両市にまたがるし尿処理場計画により、下水道計画の総点検が行われようとしていた。武島は、下水道整備に積極的だった竹内助役と運命的な出会いを遂げた。昭和41（１９６６）年10月、武島は初代下水道部長を拝命し、普及率向上を図る目的で受益者負担金制度を導入した。補償問題にも積極的に取り組み、市民を味方にして手腕を発揮した。同時に、建設省から出向していた福井経一、中川幸男と共に猪名川流域下水道の実現に尽力した。時を同じくし、横須賀市の毛利部長と太い絆を結び、「東の毛利、西の武島」と並び称される論客となった。

45（１９７０）年、竹内市長の2期目で、武島助役が誕生した。武島氏のメモによると、「武島男一匹、竹内市長に命を預けようと心に誓った」と記されている。「竹内市長の後任として市長に推挙されたが、乃木将軍の心境で、竹内市長から退職辞令をいただきたいと断固として譲らなかった。

■民間人として

上下水道コンサルタント業界は、利益なき繁忙の中で経営基盤は脆弱を極め、設計報酬は会員の要望とは乖離した問題を抱え苦労していた。武島は、関西のリーダーとして全国上下水道コンサルタント協会（以下、水コン協）の設立とその法人化に貢献し、水コン協の会長を6年にわたり務めた。若い時から一言居士と中傷されるも自らの主張を貫いた強者の反面、武島自身が昭和46（1971）年に作詞作曲した『下水道の歌』は、下水道への使命感と愛着に溢れ、率直でおおらかな人柄を感じさせ、関係者に親しまれた。

■筆者の思い

「下水道はあくまで行政事務の一環であり、技術はその補完業務。また財政問題も、行政事務の一環としての性格の中で組み立てるべきである」とする武島の考え方は、行政を熟知したコンサルタント哲学である。武島は、平成29（2017）年12月25日、兄事した田村元の跡を追うように逝去した。享年92。

（2014・5・12掲載、渡辺勝久）

14 仕事愛と使命感に燃え、地方都市の力を結集した下水道人

毛利　素好

大正8（1919）年～昭和63（1988）年

毛利は、大正８（１９１９）年９月宮崎県に生まれた。戦時中は台湾で水力発電の建設に従事していた。終戦後岡山県に居を移し傘張りや行商を行っていたが、昭和22（１９７７）年岡山市水道課に奉職した。市の野球チームではマネジャーとして手腕を発揮し、優れた社交性と協調性から「口試合で喧しい」と評判であった。野球好きはその後の人生においても永く変わらず、晩年の毛利は「テレビによるプロ野球の観戦が唯一の楽しみだった」と話していた。

■岡山市時代

昭和25（１９５０）年６月、当時の厚生省公衆衛生局長、三木行治

の推薦により岡崎平夫が水道部長として着任し、公共下水道事業を強力に進める方針を打ち出した。岡崎は、建設・厚生両省の築造認可を申請するよう工務課の毛利（当時技師）に指示した。公共下水道事業認可の取りまとめは、26（1951）年度末が絶対的な目標で、作業は休日抜きの残業の日々であった。技術書と先進都市の事例等を参考に、27（1952）年3月4日付けの事業認可を得、事業に着手した。岡山市民の期待は高く、雨水排水ポンプの高らかなエンジン音は、浸水区域を解消した。30（1955）年8月高級処理の実現に向け、田中寛（名古屋市水道局下水処理場長）を下水道建設課長として迎え、合流式下水道の築造が本格化した。田中は下水道技術の指導に専念したが、35（1960）年病により他界。毛利は2代目の建設課長となった。毛利は、明治以降の先人が試みようとした岡山市の改良下水道への思いを、近代下水道の事業推進により達成した。

■横須賀市時代

昭和38（1963）年10月、岡山市から横須賀市へ赴任した毛利は、軍港都市から平和産業港湾都市へ転換を進めていた横須賀市で大きな功績を残した。

横須賀市は、当時、人口30万人以上の都市で下水道事業が最も遅れていた。下水道課長として赴任した毛利にとって、先進都市に追いつき、追い越すことが命題であった。

46（1971）年7月『下水道協会誌』の巻頭言に次のような「使命感と下水道技術者」なる一文を、毛利は下水道部長に昇任して寄稿している。

「使命感をもって仕事をするということは、自分に割り当てられた仕事に責任を持ち、その仕事の意義を感じて目的を達成することで、それは、仕事愛に帰することであろうと思う。…下水道技術者が使命感に燃えて仕事をするために、まず何よりも、下水道界が魅力ある楽しい職場となる努力を、関係者は使命感に立って考えなければならない。」

毛利は、昭和41（1966）年度より日本都市センター第2次下水道財政研究委員会の幹事に就任し、第2次5カ年計画に向け、地方都市の下水道事業拡大のために尽力している。

後に、民間コンサルタントの経営を共にする武島繁雄と行動を共にし、43（1968）年及び44（1969）年の暮れには、自民党本部前にひき幕を持って、寒風吹き荒ぶる師走に約4日間立ち尽くし、陳情し続けた。

■川西市助役として

昭和47（1972）年、毛利は川西市の技術助役に就任し、猪名川流域下水道の関連公共下水道として完全分流式下水道の整備に尽力することとなる。後に、毛利は皮革工場排水の前処理場の用地交渉に就いて、「人間は平等であり」「誠意は必ず伝わる」と力説したことを今でも忘れることができない。

■ソフト・コンサルテーションの確立を目指す

昭和51（1976）年川西市を退職した毛利は、未着手市町村の事業化に向けた財源確保、組織体制の整備と将来展望、技術者の確保、育成、等々の基幹的問題解決のためにソフト・コンサルテーション分野の確立を目指した。私は、54（1979）年6月毛利と面談していた。「わしが毛利じゃ」と、どこの方言とも取れない独特の口調で「ソフトがこれからは大事だ」と熱っぽく語った。毛利と私との師弟関係は9年続いたが、63（1988）年突然他界した、享年69。師を失ったあの時の寂しさが今でも思い出されて、涙が止まらない。まさに、仕事愛に生きた毛利であった。多くの関係者が晩年、ほとんど視力を失った毛利の抜群の数値の記憶力に驚きを隠せなかった。私も正確な数値の提示を常に求められていたことを、最後に記しておきたい。

（2014・5・19掲載、渡辺勝久）

※本稿は、竹中英夫氏の私信を参考にさせていただきました。御礼申し上げます。

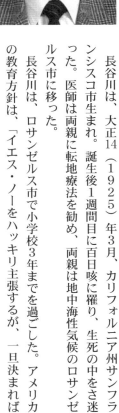

15 下水管路維持管理業の発展と社会的地位向上に貢献した義の人

長谷川　清

大正14（1925）年～平成26（2014）年

■辣腕のビジネスマンだった

長谷川は、大正14（1925）年3月、カリフォルニア州サンフランシスコ市生まれ。誕生後1週間目に百日咳に罹り、生死の中をさ迷った。医師は両親に転地療法を勧め、両親は地中海性気候のロサンゼルス市に移った。

長谷川は、ロサンゼルス市で小学校3年までを過ごした。アメリカの教育方針は、「イエス・ノーをハッキリ主張するが、一旦決まれば決定に従う」という民主主義のルールを教え込むものだった。長谷川は、こうした教育の下で少年時代を過ごし、強靭な精神を身につけた。

長谷川少年は、帰国後すぐ日本の生活に慣れ、昭和12（1937）年日本中学に入学した。やがて日米開戦で、学校は軍事教練一色。そのような中、18（1943）年早稲田大学第二高等学院に入学。だが、学校は休講に次ぐ休講。20（1945）年3月末、ついに赤紙が届き、水戸市の陸軍歩兵連隊に入隊。敗戦と同時に帰郷し、9月9日早大に復学した。

長谷川は、早大政経学部を卒業。明治乳業㈱に入社し、20年近く勤務した。この間、乳製品販売課に在席し、さらに名古屋営業所の設営、神奈川県下の販売店拡充対策などに取り組み、企業経営のノウハウを身に付けた。長谷川は、辣腕のビジネスマンとして知られ、経営者としての手腕を磨いた。まさか父の仕事を継ぐことになるとは、露ほども思っていなかった。

■父の遺志を継ぐ運命的転身

父長谷川正は、ロサンゼルスで缶詰の輸入商を営み、下水管路維持管理業とは無縁の人だった。しかし、敗戦の混乱の中で、見えざる手に導かれるように自然にその道に入った。

日本の都市の下水溝は、蚊、ハエ、ネズミの巣窟で、GHQは生活環境の悲惨さに恐れおののいた。そこで、GHQは、水洗トイレ付きの職員住宅の建設を急いだ。父正は、友人に頼まれて衛生設備会社の経理責任者となったが、GHQ職員と自由に会話できるところから次第に重きをなした。

　GHQのターナー環境衛生課長は、「アメリカで衛生工学を学んだ西原脩三と相談せよ」との助言を本国政府から受けていた。GHQと強い絆で結ばれた西原は、父正の人柄を認めた。父正は、やがて当時最も遅れていた下水管路維持管理業の将来性に注目するようになり、2つの会社、管清工業㈱と㈱カンツール（元・日米産業㈱）を創業した。社業の発展は、遅々たるものだったが、昭和40（1965）年初め、父正が突然、非業の死を遂げた。長谷川は、父が急逝したその夜、父が夢に現われ、「後を頼むぞ」と言うのをハッキリ聞いた。長谷川は、強い衝撃を受け、同年2月明治乳業㈱を退社した。こうして、父が遺した2つの会社の経営を引き継いだ。時に長谷川40歳。

　管清工業㈱は、設立3年目で、社員は僅か5名。経営は、親会社の力で成り立っていた。長谷川は、母校の理工学部教授の助言で、下水管路の維持管理実態を一から学んだ。まさに40の手習いである。長谷川は、この手習いの中で「先進国アメリカやEUの経験を学ぶことが重要」と気付いた。先進国では、維持管理用の新型機械が開発され、業務の近代化が著しかった。長谷川は、資金面の無理を承知で、新型機械を輸入した。㈱カンツールがこの輸入実務に当たった。2つの会社は、車の両輪となった。下水道管渠の普及と歩調を合わせ、管路維持管理の需要は拡大し、下水管路用TVカメラなどの受注は急増した。

■下水管路維持管理業の社会的地位の向上を

下水管路維持管理業は、当時、通産省が定めた産業分類にも記載がなく、社会的に認められていなかった。下水管路維持管理業に従事する人々の労働環境は厳しく、労働基準法上も多くの問題を抱えていた。長谷川は、下水管路維持管理業を社会に認めさせ、従事者の技術水準を引き上げ、労働環境を整えて、明るく楽しく働ける職場にすることこそ、自らの使命と考えていた。

下水管路の維持管理に使用する新型機械の操作には専門知識が必要で、従事者には専門技能を習得させなければならない。長谷川は、業界各社に呼び掛けて、昭和55（1980）年6月、下水管路維持管理研究会を創設し、業界の社会的地位向上を目指すと同時に、従事者の技能試験制度を発足させた。

今日では、下水道は社会的に必要不可欠な基幹施設になっている。下水管路維持管理業が健全でなければ、都市の下水管路は巨大汚染源になる。わが国の下水管路維持管理業は、長谷川の50年に及ぶ努力によって、どうにか面目を保ち得る状態になった。平成26（2014）年7月4日没、享年89。

（2014・7・28掲載、稲場紀久雄）

16 東京都の下水道事業を建設から管理重点に移行させた功労者

間片 博之

昭和2(1927)年〜

■東京都の下水道事業中興の祖

間片は、東京（区部）全域に下水道を普及するため、昭和45（1970）年から59（1984）年までの14年にわたり各部署のリーダーとして難事業に取り組み、人口普及率を80％に引き上げた。また、第10代公営企業管理者として、下水道料金の改定を行い、合理的な料率設定により逓増率の緩和を図り、当面する資金不足を解消して、財政の健全化に貢献した。さらに、東京都下水道サービス㈱（以下、TGS）を創設、下水道事業経営を建設中心から管理重点へ移行する態勢を整備し、初代社長として会社経営を軌道に乗せた。

■河川部での経験

間片は、昭和2（1927）年富山県高岡市で生まれた。25（1950）年東京大学第一工学部を卒業して都庁に入り、建設局河川課で時の局長石川栄耀の人格に感銘を受けた。石川局長は、新人職員を前に「井伏鱒二の小説を読め、週刊誌に目を通せ」と意外な訓示を行った。

間片は、このことを折りある毎に思い出し、「役人臭くなるな」、「常に時代感覚を養い、相手の痛みの分かる人間になれ」と職員を戒めた。

39（1964）年の東京オリンピックは、間片にとって忘れ難い。首都高速道路延長の41％は、河川敷を利用し、日本橋川にも橋脚150本を建てる計画。治水能力を損なうから困ると反対するが、至上命令ということで認めざるを得ない。

「河川空間を大きく変えるような道路配置は、如何なものか」と疑問を持つ一方、オリンピック開催という時間的制約も重く、都市の水環境が失われるという空しい気持ちが残った。

■欧米の都市河川研修

間片は、「年間雨量の多い地域の都市排水や都市機能のあり方」をテーマに海外研修試験を受けた。見事合格した間片は、欧米の都市河川の実情調査に着手した。その結果、欧米各都市の降雨量、地勢、歴史等は千差万別ではあるが、水量、水質を含めた都市の水環境改善に取り組むのなら〝下水道こそ重要〟と考えるようになった。その後、流域水管理の考え方に立ち、東京都は昭和43（1968）年流域下水道事業を発足させた。間片は、これを契機に建設局河川部から下水道局に異動した。下水道人生のスタートである。

■美濃部知事800億予算

昭和45（1970）年9月都議会で、美濃部知事は都民の熱い期待を背景に、「8年後の53（1978）年度に下水道を100％普及する。そのため、46（1971）年度予算は1・5倍の800億円を計上し、その後も計画達成のため漸増する」と公約した。

下水道局は、これを境にまさに戦場となった。間片は、45（1970）年4月河川部改修課長から下水道局計画第2課長に転任。同年12月第4建設事務所長、翌年9月建設部長に抜擢され、蓄積した知識と才能を遺憾なく発揮した。間片は、夜を日に継いで会議をこなした。凄まじい間片のエネルギーに引きずられて、下水道局は大目標に立ち向かって行った。「3次5計」が約3倍の規模で閣議決定され、「噂八百」と陰口をたたかれた計画も進捗した。下水道事業は、47（1972）年度1160億円、48（1973）年度1180億円と東京都の公共事業の中で最大規模となった。

■進化する下水道事業

間片は、昭和49（1974）年12月計画部長、54（1979）年5月技監、57（1982）年8月局長を歴任し、59（1984）年7月に勇退するまで石油危機後の「都財政の窮迫」、「環境基準達成のための総量規制への対応」、「都市型洪水対策」等の新たな課題に立ち向かった。間片は、計画の見直し、3次処理施設の全処理場への配置、緊急雨水対策整備事業等を逸早く実施した。

■粘り強い不抜の精神

間片は、軍師が似合う「調整型の人」である。時代が求める課題と誠実に向き合い、優れた先見性、広い視野、粘り強い不抜の精神をもって仕事を成就させた。多くの人から慕われたが、仲間と群れることはなかった。

TGS社長時代、優れた経営手腕を発揮し、所属や出身の異なる社員を把握して一体感の醸成に努め、公民協力の組織を育てた。かくして、水事業ビジネスの業績を挙げ、平成2（1990）年7月退職した。

間片は、昭和61（1986）年4月から平成11（1999）年3月まで13年にわたり明星大学理工学部教授として多くの学生を育てた。下水道は、自然界における水循環のキーポイントだということを伝えたかったのである。

（2014・8・11掲載、石田雄弘）

17 先駆的技術を導入し、官産学で日本の下水道界をリードした技術者

野中　八郎

大正3(1914)年〜平成10(1998)年

■根っからの技術者・野中八郎

野中は大正3（1914）年佐賀県に生まれ、佐賀中学、京都帝国大学で学んだ後、昭和11（1936）年に東京市に職を得た。戦前は芝浦汚水処分場長等を歴任したが、本当の活躍はやはり戦後である。東京の下水道事業において、昭和20年代は戦争で痛めつけられた施設を復旧し、やがて花開く時代への助走期間であった。30年代は下水道事業が本格化し、一気に大飛躍する40年代以降への基礎を固めた期間であった。野中八郎はこの間、戦前の計画を見直すとともに、積極的

に新技術を導入し、そのアイデアと強い指導力により事業を軌道に乗せることに成功した。「わが国最初の○○施設」といった試みが幾つも行われている。野中は東京市及び都に奉職した公務員であったが、その本質は根っからの技術者であった。

■下水道は世界に後れをとった

戦災による下水道の被害は思ったほどではなかったが、財政難により下水道事業は火が消えたような寂しさであった。当時、GHQはアメリカン・ライブラリーを開設し、日本人にも開放した。閑古鳥の鳴く本業の合間に水道局下水課の職員たちはここに通って米国の下水道に関する文献類を読み漁った。戦争の最中にあってもアメリカでは新しい下水処理法が幾つも開発されていた。バイオソープション、ステップ・エアレーション、エクステンデッド・エアレーション等々。しかもこれらは主として公共団体の技術者たちによって研究・開発された成果であった。野中は決定的に後れをとったことを実感したが、大いに啓発されたと後に語っている。

■戦後復興に新技術を導入

昭和20年代半ばになると、産業が少しずつ回復し始めたが、東京では工業用水の不足が課題になった。

野中は直ちに三河島汚水処分場に急速ろ過池を建設し、処理水をろ過して工業用水として製紙工場に給水した。一方、増大する人口増と化学肥料の導入により、し尿の農村還元が衰退し、東京ではし尿処分が大問題になり始めた。28（1953）年、野中は清掃部門からの要請を受け、自らし尿消化槽を設計し、砂町汚水処分場に設置した。その後、砂町には高温消化による下水汚泥の消化槽も建設され、この研究・開発により母校から工学博士の学位が与えられた。

■わが国初の覆蓋式処理場を建設

この他に、野中の業績で特筆すべきものがある。東京都はオリンピック開催に間に合わせるべく落合処理場の建設を急いでいた。しかし、住宅地に建設される処理場に地元住民は強く反発した。時間は容赦なく過ぎていった。野中は考えた。臨海部の処理場と異なり、落合の地盤は洪積層で強固である。そのため、地中杭は不要である。であるならば、杭に要する費用を処理場上部に持ってくる、つまり環境対策として覆蓋をし、併せて上部を公苑として地元に開放することを提案したのである。話は一気に解決した。わが国最初の覆蓋式処理場が誕生することになった。

昭和30年代、人口爆発と形容されるほどの急激な人口増、下水の原単位量の増加などで流入水量が大幅に増加し、そのため限られた用地に如何に大容量の処理施設を建設するかが当時の東京都における最大の課題であった。この課題に対処するため、31（1956）年、都は野中に米・英・西独への出張を命じた。帰国後、野中は海外から持ち帰った知見を最大限に活かし、処理方式にステップ・エアレーションを採用するとともに、小台処理場に前曝気槽を、落合処理場に2階層沈殿池をわが国で最初に導入した。これらの技術はその後多くの都市でも採用されるようになっていった。前曝気やステップ・エアレーションは後に施行令の変更により標準活性汚泥法に切り替えられたが、これらの技術の採用によって東京の下水道普及が大幅に早まった事実を忘れてはならない。

■官産学に貢献

このように、数々の新技術の導入など東京の下水道普及に大きな業績を残し、昭和43（1968）年、東京都を下水道局技監で退任した。これらの技術は東京のみならず全国にも大きな影響を与えている。その後、野中は㈱東京設計事務所で副社長、社長を各6年ずつ歴任すると同時に、日本大学工学部教授として12年間学生の育成、指導に当たった。まさに官、産、学の分野に大きな足跡を残し、平成10（1998）年9月、その生涯を閉じた。享年84。

（2014・9・4掲載、谷口尚弘）

18 下水道技術発展に貢献した技術界の重鎮

明治39（1906）年～昭和52（1977）年

海淵　養之助

海淵は、明治39（1906）年11月石川県加賀市に生まれ、京都帝国大学工学部土木工学科を昭和5（1930）年に卒業後、京都市役所に勤務した。およそ13年間の京都市勤務の後、約2年間、民間会社に勤務している。本人から直接聞いたわけではないが、竹筋コンクリートの船の計画を行ったとのことである。勤務した民間会社の中に造船会社があり、ちょうど終戦直前の物資のない時代でもあったことを思うと、そんな経験もしたのであろう。最近土木学会で学生によるコンクリートカヌー大会が開催されているが、70年ほど前にそのルーツがあったわけである。

京都市役所では、吉祥院処理場の設計に従事し、運転管理にも携わった。海淵の思い出話によるとあれやこれや外国の例を参考にしたそうである。次いで鳥羽処理場の設計にも携わり、10（1935）年に着手したが、建設2年目あたりから資材が窮屈になり、ポンプ場、事務室などの建物は、木造に大変更せざるを得なかったとの事である。また、戦時中は、特別の鉄鋼割り当てをもらってドイツで行われた方法を参考にして、メタンガス工場も建設したそうである（『睦会創立15周年記念誌』32（1957)年2月)。多分、日本最初の下水道資源利用の事例ではなかろうか。

21（1946）年に神戸市復興本部に勤務し、道路課長、下水道課長を歴任し、32（1957）年から5年間下水道部長を務め、神戸市最初の下水処理場の建設に関わった。

下水道部長を最後に神戸市を退職し、㈱日本水道コンサルタント（現・㈱日水コン）に勤務し、取締役下水道部長、常務取締役、専務取締役下水道部長などを歴任した。

この間、37（1962）年3月、工学博士を取得し、翌38（1963）年には技術士水道部門（当時は上下水道部門ではなく、下水道分野も水道部門となっていた）を取得し、40（1965）年には、下水道事業に協力し公共の福祉の増進に貢献したとして、大臣表彰を受けている。また、45（1970）年には、堤武と共著で『下水道終末処理施設—汚泥編—』を発刊している。海淵は、海外の新しい技術に大きな関心を寄せている。48（1973）年に、㈱日水コンとして社員10名ほどで、当時有名であった米国タホ湖の3次処理実験施設の視察に団長として出掛けている。タホ湖では、N、P除去のための実験としてアンモニアストリッピングや石灰凝集処理が行われていた。海淵は、こうした物理化学処理は、日本の下水処理には適さないとし、50（1975）年に米国で行われているN、Pの生物学的処理を視察すべく、調査団の団長を務め、ネバダ州のリノ―スパークスのリン除去施設などを訪問している。現在の日本の下水の高度処理が、すべて生物学的処理によっていることを思うと、先見の明に感嘆する次第である。

海淵は、当時の米国が土壌微生物による3次処理法の科学的検討から逆浸透による処理まで幅広く行っている研究態度はわが国も見習うべしとしている。その理由として、今後わが国の下水道が大都市から地方の中小都市へと移りゆくことと、特に海外に向かって下水処理技術を広めようとする場合、このような幅広い処理技術が必要となることを挙げている。ここにも、既に日本の下水道技術の海外進出を視野に入れている。常に、海外に目を向けながら、日本の下水道の行く末を見つめた下水道人であった。52（1977）年逝去。享年71。

（2014・9・11掲載、清水慧）

19 わが国の上下水道界の発展を科学技術の世界で支えた学究

合田　健

大正14(1925)年～平成15(2003)年

■基礎を重視した学究

合田は、大正14（1925）年東京生まれ。本籍地は兵庫県である。兵庫県立神戸二中、高知高校を経て、昭和22(1947）年京都帝国大学工学部土木工学科を卒業。同大学院特別研究生、講師、助教授を経て、35（1960）年弱冠35歳で教授に昇任した。

助教授時代に衛生工学科の創設に奮闘し、昭和33（1958）年同学科を誕生させた。まさに現代下水道事業創業の時である。合田は、同学科で、衛生工学、水道工学、水質工学の各講座を順に担当し、わが国におけるこれら学問分野の基盤づくりに努めた。特に水質工学の権威者として学界をリードし続けた。同時に、同門下からはわが国の上下水道界を支える数多くの人材が輩出され、産官学で活躍して上下水道事業の発展に寄与した。

合田の下で7年間助教授を務めた末石冨太郎によれば、初期の特筆される研究成果は、詳細な実験に基づく「酸素の水中移行に関するミクロモデル」、並びに「微粒子としての水質物質の精密移流モデル」を提唱したことである。これらの研究は、浄水プロセス、下水処理プロセスの基礎となるものである。

合田は、研究者の姿勢として、拙速に対症療法的な研究をするのではなく、工学的手法の基礎になるベーシックサイエンスに立脚することの重要性を説いた。

「大学は、基礎理論の研究なくしては専門学校と変わらず、そのような専門家を養成したくない」と言い切っている。青年時代の秀才ぶりを示すエピソードとして、権威ある『水理学書』（本間仁著）の基礎式に誤りがあると指摘し、著者の本間がその誤りを認めたという逸話がある。

■常に新たな分野に分け入るパイオニア

合田は、常に自らの研究領域の拡大を進め、新しい研究テーマを終生追い続けた。昭和50（1975）年、新設された環境庁国立公害研究所（現・環境省国立環境研究所）の初代水質土壌環境部長に転出した。研究分野は、上水道、下水道、水域(河川・湖沼・貯水池及び閉鎖性海域)の水質汚染機構の解明、これをベースにした水質管理に及び、研究の深化、教育カリキュラムの確立、後進の指導・育成に貢献した。京大時代の研究成果を体系化し、『水質工学』(丸善、50(1975)年)を刊行し、世に問うた。

公害研究所においても、当時山積していた公害、環境問題に対し、学問的、行政的に解決策を導くとともに、一時期、国立公衆衛生院衛生工学部長を兼務し、廃棄物行政にも関わった。それぞれ、創成期の公害行政、転換期の廃棄物行政において、国レベルの方向付けに寄与した。この時代、独学で非平衡熱力学に取り組み、エントロピーによる水質環境や水処理操作の評価法を研究した。これは、物質やエネルギーの保存則だけでは、現象が解明できたとは言えず、環境問題を総合的に捉える指標として、ギリシャ語で〝変化〟を意味する言葉を語源とする「エントロピー」による評価法を提唱したのである。

■晩年、個別課題の総合化を重視

合田は、環境庁退職後昭和62(1987)年『土木学会誌』に「今後の環境・衛生工学研究の課題と展望」を書いた。この論文の中で、「衛生工学者の大部分は、基礎から離れ過ぎていた」、「大学における衛生工学の研究は、永い間水処理関係に偏る傾向にあった」と指摘する一方、「河川水質管理とも関連性をもった上下水道一貫の水質管理指標」、「水域環境容量、環境基準、汚染源構成」などの研究の必要性を論じた。合田がこれまで研究の対象としてきた諸課題の総合化を意図していたように思われる。

晩年は、地球環境問題が重視される時代になり、合田も政府の要請を受け、今でいう新興国や開発途上国の水資源問題のコンサルティングを行った。合田は、「もう少し若い時代から始めていれば、違った貢献ができたのではないか」と述懐している。

晩年、自費出版した『喜寿雑感』平成13（2001）年の中で、「環境工学に関わるベーシックサイエンスは極めて多岐にわたる」が、それを欠けば「環境工学などは〝切れ切れの科学的知見の集積で片付く分野〟というレッテルを貼られてしまいかねない」と述べている。さらに、「技術や工学の世界にいる者は、使命感を持ち、目指すべき方向を見定めてもらいたい」と要望している。私は、「多くの研究者が同じような研究テーマばかりを追いかけている」という恩師合田の苦言が忘れられない。

自身が育てた多くの人材とは、終生、細やかに接し尊敬の念を集めた。最晩年は、門下の弟子たちに〝般若心経と自身の研究との関係〟を説くなど、俗界を超えていた。享年77。

（2014・10・2掲載、酒井彰）

20 「都市の医師」としてわが国で最初に下水道普及100%を実現した三鷹市長

鈴木 平三郎

明治39（1906）年〜昭和59（1984）年

■運命的な医師の道

鈴木は、三鷹村（現・三鷹市）新川に300年続いた地主の三男として明治39（1906）年5月誕生した。三鷹村は、当時は純粋な田園地帯だった。小学校を終えると、杉浦重剛創立の日本中学に学んだ。この頃の鈴木は、東京外国語大学を卒業して南米に雄飛することを夢見ていた。しかし、己が夢とは全く違う医師の道を歩くことになった。祖父は、幕末長崎のシーボルト塾に学んだ蘭法医だった。父は、祖父の遺志を継ぐように厳命した。鈴木は、やむなく日本大学医学部に進み、昭和８（１９３３）年27歳で三鷹駅前に産婦人科医院を開業した。「社会の医師」となることを望んだ鈴木は、開業後４年足らずの12（１９３７）年三鷹村村議になり、社会党の中村高一代議士の下で政治活動を始めた。だが、３年後の15（１９４０）年11月突然軍医として召集された。鈴木は、中国の山西省太原に出征を命じられ、21（１９４６）年４月に帰還するまで５年半余り大陸戦線を経巡った。

■生命の尊重と生存の平等

帰還した鈴木は、医院を再開し、日本社会党（現・社会民主党）に入党した。鈴木は「社会の医師」という眼を通して戦災で疲弊した郷土三鷹町の人々の生活環境を観察した。昭和26（１９５１）年7月、鈴木は思い立って母校日大医学部公衆衛生教室の研究生になり、「貧困と疾病」、「環境と疾病」等の関係を統計解析した。その結果、「貧困者には病人が多い。格差が格差を生む理屈はあらゆるものを貫いている」という明白な事実が浮かび上がった。鈴木は、研究成果を博士論文『三鷹市における貧困と罹病統計』にまとめ、29（１９５４）年医学博士となった。この研究を通して「〝格差を如何に解消し、生存の平等を実現するか〟という課題に生涯を捧げる」という鈴木の決意は固まった。翌30（１９５５）年４月30日、鈴木は三鷹市長に初当選した。この時から5期20年三鷹市長として「平和と福祉に恵まれた健康都市三鷹の建設。この理念に殉じ、自ら三鷹の地の塩となる」という初志を貫いた。

■下水道日本一の道を行く

鈴木にとって健康都市の象徴は「下水道完備」であった。鈴木は、初当選時の三鷹市を次のように話している。

「当時の三鷹市の人口は7万5000人。上下水道はなく、井戸水は飲料不適、下水は垂れ流し、ボウフラの温床。道路は、雨が降れば泥道、晴れれば黄塵モウモウ」（鈴木『挑戦二十年―わが市政』）

何より憂慮したのは人口急増であった。自分が生まれた頃の人口は5000人。今は7万5000人。既に田園地帯の面影はなく、人口激増は間違いなく続く。鈴木には三鷹市の生活環境の荒廃が手に取るように分かった。鈴木は、上下水道事業に着手し、昭和33（1958）年9月公共下水道の築造認可を得て、翌年着工した。しかし、財源難から一向に進捗しない。鈴木は、〝どうすれば財源を確保でき、計画通り普及率100％を達成できるか〞と悩んだ。当時の河野建設大臣は、鈴木に「下水道受益者負担金制度を検討してはどうか」と助言した。政府は、負担金徴収都市の下水道整備は計画通り推進できるように財政的に配慮する方針を取っていた。鈴木は、制度採用に踏み切ったが、所属する日本社会党は反対していた。鈴木の執念は凄まじく、日本社会党を脱党した。鈴木は、制度採用を機に市の自主財源の半分を下水道事業に投入した。こうした鈴木の政策が三鷹市政に結果的に企業性導入の道を拓いた。能率行政を行って得た財源を下水道整備に充当するのである。市民にとっては一石二鳥である。かくして、鈴木は、48（1973）年10月、わが国最初の下水道普及100％都市を宣言した。

■下水道普及の辻説法

鈴木は、市長退任に当たってこう書いている。

「私は、久々に天職に戻る。（しかし）私の専門分野の公衆衛生の向上に尽くす道はまだ終わっていない。」（鈴木『挑戦二十年―わが市政』）

私は、鈴木から昭和54（1979）年2月上記の著書を贈呈された。鈴木は、私のために本の扉に次の文章を書いた。

「生命の尊重とその生存の平等の享有」、そして「命惜しければ公共下水道を作れ。その建設資金捻出のために行政に企業性を導入しろと、全国に何ものも求めず、辻説法に歩いている。人は馬鹿と云う。本人は生命を打ち込んでいる」

鈴木は、5年後この世を去った。社会に尽くした一筋の人生だった。享年78。

（2014・11・6掲載、稲場紀久雄）

21 久保赳を下水道行政の中枢に導いた無欲恬淡、豪放磊落な実務界のリーダー

大井上　宏

大正8（1919）年～昭和50（1975）年

■久保赳を下水道行政の中心に据えた

久保赳は、戦後の下水道行政の基礎を築いた人物である。大井上は、その久保を自分の代わりに下水道行政の責任を担う建設省下水道課長に推薦した。久保は、「私が今日あるのは大井上さんのお陰だ」と感謝の気持ちを終生口にした。大井上とは、どんな人物だったのだろうか。

■自由の天地を求めたスポーツ万能少年

大井上宏は、大正8（1919）年5月18日東京の池袋に生まれた。

スポーツ万能少年で、府立五中(現・小石川高校)を経て北海道帝国大学予科に入学し、さらに工学部土木工学科に進んだ。この進路には次のような背景がある。祖父輝前は、大洲藩(現・愛媛県大洲市)の家老職を勤めた名家の出身で、明治維新後北海道開拓に挺身した。その後、北海道庁典獄となり、囚人の労働環境改善に努め、人々の尊敬を集めた。大井上家は、元は「井上」と称したが、江戸時代中期のある時、治山治水に功績を立てた。時の藩主がその功により「今後は「井上」の前に「大」を付けて「大井上」と称するように」と命じた。こうして、大井上家が誕生したが、この由来から「土木工学」との結び付きは自然である。さらに、父義近が北大予科の教授や鉱山監督署技師を務めたことも、北大を身近な存在と感じさせたのだろう。北大時代の大井上は、野球選手で鳴らした。北大を昭和17(1942)年卒業した大井上は、満鉄技師として満州に渡ったが、すぐ東京に戻り、海軍予備学生となった。館山砲術学校に配属され、翌年海軍少尉に任官し千島列島北端のパラムシルに出撃した。戦争が彼の人生を大きく変えた。

久保は、大井上の2年後輩だが、徴兵検査は丙種合格。一方、大井上は、甲種合格だった。2人は、体格では好対照だが、自由の天地を求める心は同じで、共に満州の地を踏んだのだが…。

■強い絆で結ばれた先輩と後輩

敗戦で帰還した東京は、無惨な焼け野原。幸い昭和22（1947）年6月、戦災復興院に採用され、上下水道の復旧計画に携わることになった。さらに翌年7月建設省が設置され、同省都市局水道課勤務となったため岩井課長の知遇を得ることになった。水道人大井上の誕生である。

久保は、当時神戸市に勤務していたが、上司海淵養之助や参議院議員原口忠次郎（後神戸市長）の勧めに従い、23（1948）年11月建設省水道課技官となった。大井上と久保は、すぐ肝胆相照らす同僚となった。大井上は、復興を急ぐ都市の水道問題の解決に粉骨砕身働いた。岩井課長と共に相模川分水問題に取り組み、次第に水道技術の深奥を究めて行った。一方、久保は、岩井の学位論文執筆の手助けをする内に結核を再発し、身の不運を嘆くことになった。大井上は、今にも折れそうな久保を励まし続け、2人は強い絆で結ばれるようになった。

大井上は、32（1957）年6月、建設省都市局下水道課課長補佐から愛知県水道建設事務局工務課長に転出した。政府は水道行政3分割を同年1月18日断行し、水道課は4月30日廃止され、下水道課に衣替えしていた。

■東京オリンピックに向けた突貫工事の陣頭指揮

大井上は、その技術力とおおらかな人柄で頭角を顕し、愛知用水建設になくてはならぬ存在になった。

昭和37（1962）年7月、大井上は設立直後の水資源公団に引き抜かれた。2年後には東京オリンピック開催が決まっていた。利根導水路建設は焦眉の急を告げ、大井上は38（1963）年5月同建設局足立建設所長に就任した。ちょうどこの頃、建設省下水道課長就任の打診があったのであろう。大井上は、躊躇なく腹心の元同僚久保を推薦した。足立建設所の役割は秋ヶ瀬取水堰の建設で、目的は東京都と埼玉県の都市用水及び隅田川浄化用水の取水であった。大井上と久保は、結果的に共に隅田川浄化に貢献をしたことになる。東京都は、39（1964）年空前の大渇水に襲われ、「東京砂漠」と言われる状況を呈した。大井上は、突貫工事の陣頭に立ち、同年8月25日見事に通水式を挙行した。朝日新聞は、翌日朝刊の「人」の欄で大井上の功績を讃えた。

■日本水工の基礎を据える

大井上は、昭和40（1965）年6月水資源開発公団（現・水資源機構）を辞職し、元上司岩井が創業した荏原建設㈱の工事担当取締役に就任した。その後、日本水工設計㈱の代表取締役となった。豪放磊落な大井上は、部下と酒を酌み交わし、社内の融和に努め、磐石の基礎を固めた。健康には自信があったが、49（1974）年12月突然体調を崩し入院。肝臓ガンだった。大井上は、翌年10月8日早朝逝去した。享年56。早過ぎる死であった。

（2014・12・8掲載、稲場紀久雄）

22 健康都市の実現を目指した反骨の市民政治家

岡崎　平夫

明治42（1909）年～平成5（1993）年

■旺盛な反骨精神

岡崎は、明治42（1909）年2月、広島県芦品郡新市町（現・福山市）生まれ。子供の頃結核に侵され、中学卒業も危ぶまれた。転地療法を兼ねて徳島高等工業に入学し、土木工学科を昭和5（1930）年卒業した。同年8月大阪市水道局に奉職した岡崎は、職場で戦後の上下水道行政を担った岩井四郎や寺嶋重雄らの知遇を得た。

太平洋戦争半ば、18（1943）年から内務省の要請で海軍司政官となった岡崎は、ボルネオに派遣され、岩井と共にパンジェルマシン市の水道整備に携わった。現地軍の横暴に怒り、司令官を論破したこともあった。岡崎は、気骨のある反骨の人だった。

抑留中に大腸癌手術を2度も受けた。それでも生命を永らえたが、内地に帰還した時は、身体はボロボロ。余命幾ばくもないと覚悟していた。

■三木行治に懇請され岡山市水道部長に

岡崎は、生きていくために働かなければならなかった。一時は闇屋をやったが、その後水道会社を経営し、普通のサラリーマンより高額の収入を得ていた。しかし、社会に役立つ仕事がしたいと、旧知の近藤博夫大阪市長を訪ねた。

岡崎は、悩んだ末「水道技術を通じて健康都市を創ろう」と考えるようになった。こうして、近藤市長の推薦で吹田市水道部長として水道界に復帰した。

岡崎は、復帰後水道界の論客として衆目を集めた。当時、水道行政の所管が建設、厚生両省の共管であったため、事務手続きの重複による煩雑さは酷いものだった。岡崎は、舌鋒鋭く建設省への水道行政一元化論を展開した。岡崎に注目した厚生省公衆衛生局長三木行治は、岡山市水道部長就任を懇請した。

「私の故郷岡山市には下水道がない。貴方の力で是非下水道を造ってほしい。」

岡崎は、三木の再三の懇請を受け入れて昭和25（1950）年岡山市水道部長に転じた。三木は、翌年4月公選2代目の岡山県知事になった。

■水道局長から岡山市長へ

岡崎は、赴任した翌年下水係を設け、下水道の調査設計を開始し、昭和27（1952）年3月には築造認可を得て事業に着手した。31（1956）年4月には下水建設課を新設し、建設事業を本格化させた。岡崎は、建設財源の安定化のために大蔵、建設、自治各省及び法制局を説得して回り、同年11月「岡山市都市計画下水道受益者負担金に関する省令」（建設省令第34号）の交付を受けた。この省令は、国有地など無租地をも負担金徴収対象とした全国初の省令であった。岡崎の面目躍如たるものがある。岡崎は、短期間に実績を重ねた。それだけでなく、27（1952）年3月公務のかたわら関西大学政治科を卒業した。こうした努力が認められ、翌年1月水道局長兼水道事業管理者に昇任した。「私は、三木さんから岡市長は、岡崎に助役就任を要請したが、こう言って固辞するばかりだった。「私は、三木さんから岡山市に下水道を造ってくれと懇望されて来たのです。」

岡崎が赴任して10年余り経った頃、岡山市と倉敷市を中心にした県南百万都市構想が提唱された。賛否激論喧しい中で次期市長選には岡崎を押そうという声が澎湃として起こった。選挙戦は、熾烈を極めたが、三木知事はじめ各方面の必死の支援で、38（1963）年5月、見事当選を果たした。

岡崎は、豪放で人情の機微を解し、市政経営感覚が新鮮な市民政治家だった。

岡崎は、理想とする都市像を次のように語った。

「理想は、〝緑と花、光と水の岡山市〟。このためには、まず健康。市民は、信義に厚く、善意に満ちた人々。こうした岡山市にしたい。」

こうして5期20年にわたる岡崎市政が始まった。

■下水協会長として地方の力を結集

岡崎は、昭和49（1974）年12月、日本下水道協会の第11回定時総会で会長に推戴された。会長職は、初代から第3代までは東京都知事が、第4代から第7代までは名古屋市長が務めた。知事や政令市の市長を差し置いて中都市の市長岡崎が初めて選任されたのだった。下水道の整備要望は全国に漲っていた。会長は、象徴でなく、実働的効率的に活動すべきだという思いが岡崎を会長に押し上げた。岡崎は、会長を5期10年務め、全国の下水道普及・発展に努めた。さらに、54（1979）年には全国市長会会長に就任し、2期8年、全国の市政発展に寄与した。

■市民葬で追悼

岡崎は、昭和58（1983）年勲2等旭日重光章を綬賞。さらに62（1987）年岡山市名誉市民に推戴された。岡崎は、悠々自適の日々を過ごしたが、平成5（1993）年12月27日永眠し、翌年2月21日岡山市民葬が営まれた。享年84。

（2014・12・22掲載、中山茂也）

23 温顔に先見性と強靭な精神力を秘めた反骨の学究

左合　正雄

大正2（1913）年〜平成13（2001）年

■運命的な方向転換

左合は、大正2（1913）年6月29日、東京の牛込矢来町（現・東京都新宿区）に父貞吉郎、母のうの長男として誕生した。左合は、両親の愛情と期待を一身に受けて育った。

父は、京都帝国大学土木工学科を卒業した橋梁工学の専門家だった。父に憧れていた左合は、東京帝国大学土木工学科では橋梁を学び、昭和14（1939）年4月卒業と同時に東京府庁の土木部橋梁課の技手になった。

14（1939）年という年は、わが国は急坂を転げ落ちるように太平洋戦争に向かっていた。橋梁用の資材があれば、軍事増強に振り向けられた。仕事らしい仕事もなく、不遇を囲っていた左合に恩師の広瀬孝六郎教授から「京城帝国大学理工学部土木工学科助教授に」という誘いが舞い込んだ。専攻科目は、〝上下水道〟だった。左合は、広瀬教授の誘いを受け、17（1942）年4月朝鮮の京城に渡った。こうして左合は、橋梁工学から水道工学へと方向を転換した。

左合は、「寒冷地の水道技術」の研究を志したが、戦争の激化は研究を許さなかった。軍需産業向けの工業用水道の設計、硫酸バンドに代わる新凝集剤の開発などの仕事で多忙を極めた。19（1944）年朝鮮第22連隊に教育召集されたものの3カ月で戻され、敗戦直前には敵上陸に備えるトーチカの給水対策を担った。

■試練を乗り越えて

左合は、敗戦4カ月後どうにか東京に引き揚げた。その1カ月後、一粒種の愛児正一郎を栄養失調で失った。妻玲子は、病床に伏していた。左合は広瀬教授の斡旋で同年5月東京都に復職し、下水道課に勤務することになった。左合は、三河島汚水処理場水質試験班長として約2年間野中八郎の下にいた。同処理場は、散水ろ床法で下水処理を行っていた。戦争中の玄米食の外皮のためにろ床が閉塞していたため、ろ材を全面的に入れ替えることになった。こうして、左合はろ床の構造を調査する貴重な機会を得た。2年余り後、公衆衛生院衛生工学部長に就任した広瀬に懇望されて転身した左合は、地方都市の上下水道担当職員の技術教育を担いつつ、東京都職員と一緒に散水ろ床法の研究を続けた。博士論文『散水ろ床の基本問題に関する実験的研究』を完成させた左合は、昭和29（1954）年8月母校より工学博士号を授与された。既に2年前から東大工学部の非常勤講師を勤めており、左合の前には教育・研究者の道が拓かれていた。この時代の左合の努力の1つが日本水道協会（以下、日水協）の「上下水道研究発表会」に発展したことを付言しておく。

■温顔に秘めた先見性と強靭な精神力

左合が戦中から戦後の昭和30年代前半に取り上げた研究課題は、高い先見性と強靭な精神力を必要とするものばかりだった。

重要な課題は3つ。第1は散水ろ床法、第2は寒冷地の下水処理、第3は放射性廃液処理。かつて橋梁工学を目指した人がこのようなテーマに取り組んだのである。人生とは、〝何と不思議なものか〟と痛感する。

第1の課題に対して「中小都市に下水処理を普及するには維持管理の容易な散水ろ床法が適してい

る。連続散水による高速散水ろ床法を研究する必要がある」と左合は言う。時代は、活性汚泥法一色に染まるが、左合の予言通り普及が中小都市に及ぶに至り、散水ろ床法が再評価され、回転円盤法が登場する。

第2の課題は、城大時代に取り組んだものだが、昭和29（1954）年北海道で開かれた日水協総会で取り上げられ、翌年左合は日水協の「寒冷地下水処理方式調査専門委員会委員長」に就任した。私には「寒冷地」に対して「熱帯地」という言葉が浮かぶ。左合のグローバルな視野が透けて見える。「活性汚泥」に対する「散水ろ床」と同じ意味で、左合の気宇の壮大さが分かる。

第3の課題は、福島の原発事故に通じる。左合は、31（1956）年9月、WHO留学生として「放射性廃液処理の研究」のためミシガン大学に留学した。帰国後、左合は原子力委員会専門委員や土木学会原子力土木技術委員会委員長などを務めた。左合は、あの世から福島の放射性廃液処理対策の現状を見て、どのように考えているだろうか。

左合は、33（1958）年4月、東京都立大学工学部助教授となり、その後教授を経て48（1973）年4月同大学工学部長に就任。52（1977）年6月名誉教授の称号が授与された。私は、左合の晩年、池袋のご自宅を度々訪ねた。その度に適切な助言を得ると同時に、いつもその温顔に心が優しさで包まれていくのを感じた。先生は、そのような人であった。

平成13（2001）年7月7日逝去、享年88。

（2014・12・25掲載、稲場紀久雄）

24 京大衛生工学の中興の祖、広範な分野を研究の国際学者

岩井　重久

大正5(1916)年～平成8(1996)年

■フィリピン沖で九死に一生

岩井重久は大正5（1916）年に生まれた。旧制大阪高校を経て、京都帝国大学に入学、昭和14（1939）年工学部土木工学科を卒業した。大阪高校時代は、バスケット部に所属、スポーツに明け暮れた。寮に寝泊まりし、寮長として後輩の福井謙一（ノーベル賞受賞者、京大名誉教授）を鍛えたことが語り草である。

若くして土木工学科の助教授となり、第2次世界大戦の敗色濃厚な19（1944）年、インドネシアのバンドン大学教授として赴任した。

赴任途中、乗っていた船はフィリピン沖で米国の潜水艦の魚雷攻撃に遭遇し、沈没した。岩井は、海上を漂流中、日本の駆逐艦に救出されたが、フィリピンの山岳地帯を逃避途中に敗戦を迎えた。

その後、米軍の捕虜となり、その間、熱帯病に罹らないような衛生管理、衛生工学を身を以て体験して帰国した。その時の強烈な体験が、岩井のその後の活躍の原点となった。

■京大助教授に復帰

帰国後、岩井は、土木工学科の助教授に復帰した。担当は、河川工学で、中でも確率統計、水文学の分野で、大きな功績を挙げた。岩井の開発した河川流出量を推計する確率方法は、今日においても岩井法として活用されている。昭和24（1949）年に、教授に昇進し、衛生工学講座を担当した。衛生工学講座は、東京帝国大学衛生工学講座の中島鋭治教授の弟子大井清一教授が京大最初の衛生工学講座を担当したが、その後空席となっていた。

岩井は、26（1951）年米国ハーバード大学公衆衛生大学院に留学した。その時、ノーベル賞受賞者湯川秀樹ご夫妻と交流したエピソードがある。

ちなみに、岩井の父は、米国最古の技術大学であるレンセラー工科大学に留学、大阪電気軌道（現・近畿日本鉄道㈱）の電気技師として活躍した。

■京大衛生工学科創設に尽力

昭和26（1951）年、アメリカの対日工業教育顧問団が訪日し、報告書をマッカーサーの連合本部に提出した。その中で、日本の教育に欠落しているのは化学工学と衛生工学であると指摘、衛生工学を土木工学の一環として力を入れて教育することを提案した。

岩井は、河川工学の恩師石原藤次郎教授と共に、京大に土木工学科から独立して、衛生工学科を設立するため、政府機関に働き掛けるなど奔走した。その結果、33（1958）年北海道大学に次いで、設立が認められた。

衛生工学科設立には、土木、医学、理学、化学工学等の人材が登用された。医学部から衛生学講座の三浦運一教授の協力で、庄司光教授、山本剛夫助教授が就任した。化学工学からは、高松武一郎教授、平岡正勝助教授、理学部から筒井天尊教授、大塩敏樹講師、土木工学から合田健教授、末石冨太郎助教授、高橋幹二助教授、岩井重久教授、井上頼輝助教授、寺島泰助手、農学部から中西弘助手等多才な人たちが設立に参加し、4講座が設けられた。このようなことから岩井は、京大衛生工学講座の中興の祖と呼ばれている。

■広範な研究分野

岩井の研究分野は、極めて広範にわたっている。大きく分類すると、①確率統計・水文学、②上下水道学、③水質汚濁、④し尿処理、⑤放射線衛生工学、⑥工業廃水処理、⑦都市産業廃棄物処理、⑧エアロゾル、ガスである。

確率統計・水文学の研究では、対数分布の非対称性の検討により、河川流量の特徴を明らかにした。これを、上下水道設計の基本となる降雨の継続時間と強度曲線の研究に繋げた。この成果は、現在の雨水排除の管渠設計の基礎として生かされている（岩井、石黒）。水道水や下水中の大腸菌をはじめ、細菌数を決定するには、現在でも確率を基礎に最確数を求めるが、岩井は正確で簡便な方法を提案している(岩井、神山)。

その他の研究成果としては、専門的な説明になるが、①汚泥濃縮槽の汚泥圧密と設計法(岩井、川島)、②活性汚泥による有機物分解の分野で、ＢＯＤ表示では不精密になる点についてグルコース等単一基質で実験することにより精密な特徴を明らかにする研究（岩井、北尾）、③曝気循環路床による小規模汚水処理（浦辺、岩井）、④浸漬路床とＵＦ膜・活性炭による下水高度処理（岩井、大森、田中）、⑤逆浸透膜処理研究（菅原、岩井）、⑥藻類増殖試験ＡＧＰによる下水３次処理の評価（竺一、北尾、岩井）などが挙げられる。

し尿の高速消化法は、昭和37（1962）年ロンドンで開かれた第1回国際水質汚濁研究会議（IAWPR）で発表し、大きな注目を浴びた（岩井、本多、荘）。

岩井は広範な研究を担当していたことからさまざまな委員会に参画した。京大では放射能管理委員会、原子炉研究所運営、環境保全センター委員を務めた。また日本国内では、土木学会衛生工学委員会委員長、廃棄物処理対策原告協議会会長、日本廃棄物対策協会（現・日本産業廃棄物処理振興センター）副会長を歴任した。国際的には国連ユネスコ専門家、国際水質汚濁研究協会（現・国際水協会）理事として活躍した。

■第2回国際水質汚濁研究会議を日本に招致

岩井は、昭和39（1964）年、第2回国際水質汚濁研究会議を日本で開催することを、東京大学廣瀬孝六郎教授と共に進め、東京での開催が実現した。東京開催を強力に支持したのは、米国のエッケンフェルダーJr教授だった。

ちなみに、エッケンフェルダーJr教授は、昭和35（1960）年当時、大正3（1914）年に初めてイギリス、アメリカで実用化された下水の処理である活性汚泥法が、依然として経験工学に基づいていた技術であった状況を、生物反応を数式化した設計手法として開発した。その成果を『活性汚泥による廃水処理』という著書にした。岩井は、この著書を京大土木の若い弟子である平野栄一(株)日水コン)と奥野長晴(東京都下水道局)に翻訳させ、自ら監修して出版した。この著作が日本で翻訳、出版されたことにより、活性汚泥法が理解され、下水処理、工場排水処理、し尿処理の分野で急速に実用化された。わが国の活性汚泥法が、この著書によって欧米の技術水準に速やかに到達し、また、その後の日本独自の技術形成に大きく貢献した。

岩井は、昭和54(1979)年に京大を定年退官後、京大名誉教授となり、その後も20年近く、精力的に衛生工学分野の発展のため活躍した。勲二等瑞宝章を受章し、平成8(1996)年に韓国釜山に出張中に亡くなった。80歳であった。正四位を賜った。葬儀は、京都市内の教会で行われた。

(2015・1・22掲載、松井三郎)

25 技術開発と水質汚濁防止の礎を築いた先見の人

南部　牂一

昭和7（1932）年～昭和53（1978）年

南部牂一は、昭和7（1932）年に佐賀で生まれ、その後福岡県の炭鉱の町、田川に移り、福岡県立田川高校を卒業し、29（1954）年に京都大学土木工学科を卒業した。その後、同大学衛生工学科助手、助教授を経て、35（1960）年厚生省国立公衆衛生院（現・国立保健医療科学院）衛生工学部技官に転出し、45（1970）年5月より同衛生工学部長となり、上下水道及び水処理技術の開発や公共用水域の水質汚濁防止に関する研究分野の進展の礎石を築いた。また、WHO等国際機関で専門家として活躍し、わが国のODA事業の先達でもあったが、53（1978）年に急性紫斑病で45歳という若さで急逝した。

南部が国立公衆衛生院に招聘された頃、わが国は経済成長の陰で、深刻な環境破壊による公害が頻発・山積していた。国立公衆衛生院は、昭和13（１９３８）年に米国ロックフェラー財団の支援を得て、わが国の公衆衛生にかかる医官・技術者の養成訓練を目途として設立された。その創設から衛生工学部では、上下水道、清掃工学、鼠族昆虫対策や水質試験等にかかる分野の先端的な研究が展開されており、第二次世界大戦後には東京大学教授であった広瀬孝六郎が衛生工学部長を兼務していたように、まさに、わが国の衛生工学の殿堂であった。しかし、公害問題は益々深刻になる状況で、当時の国立公衆衛生院院長の斉藤潔医学博士は、これらの問題に対応するには工学的な視点が必要であるとして、京大岩井重久教授に懇請して南部を国立公衆衛生院に迎え入れた。

南部が、京大の在籍中に行った淀川における水質汚濁機構の解析、特に、淀川３河川合流による水質変換機構についての研究がなければ、その後の河川の水質汚濁についての物理解析モデルの進展はさらに遅れたであろう。そして、湖沼・ダム等閉鎖性水域の富栄養化モデルの開発と応用や、公共用水域の環境基準の設定論は、環境容量に基づく環境管理理論へと進化し、今日の環境管理策定手法へと繋がっている。水道水源である公共用水域の深刻な水質汚濁は、たとえ水道が整備されたとしても水道水の水質についての不安から、水道法の制定に伴ないすべての国民が安全な水道水を利用することによって公衆衛生の向上を図るという憲法25条に定める生存権条項の達成を困難にしかねない状況であった。このようなことから、厚生省生活環境審議会の委員として、水道行政のあり方について、また、水質基準、施設基準の制定及び改定に際して専門的な立場から重要な役割を果たした。その一例として、47（1972）年に制定されたPCBの生活環境基準は、南部が中心となって得たその科学的な知見を基に策定されたものである。即ち科学的知見に基づく、基準値の設定論は今日でも活用されている。また、湖沼等閉鎖性水域を水源とする浄水場にオゾン・活性炭を付加する高度浄水処理も、南部が北海道大学丹保憲仁教授らと技術開発研究を展開して、その実用化の端緒を開いた。そして、このような学・官そして産との連携による技術開発の意義と有用性を、実践を通じて知らしめたのも南部の高い先見性を示している。南部は、WHOフェローとしてヨーロッパ諸国の衛生工学・環境工学の組織と運営に関する調査を通じて、これらの分野の研究者との交誼を深め、国際水質汚濁研究協会（現・国際水協会）の活動に積極的に参画し、その国内組織としての日本水質汚濁研究会（現・日本水環境学会）の設立に貢献した。これらの活動を通じて海外との環境・水道行政に関するネットワークは、水道法に定める水質基準、公共用水域の環境基準の制定・改定の際の科学的知見の収集・解析ポテンシャルの向上に寄与している。これが、わが国のWHO飲料水水質ガイドライン策定委員会への貢献へと引き継がれているのである。

南部は、水道分野のODAの先駆者でもあった。48（1973）年から3年間行われたインドネシア水道研修所事業は、その後JICAが行うプロジェクトタイプの技術協力事業のモデルとなったものであり、これらの事業を通じて数多くの水道事業体職員に多くの海外協力経験者を輩出したことに繋がっている。この事業の国際的な事業としてＷＨＯ西太平洋地域事務局はマレーシアのクアランルンプールにＷＨＯ環境衛生地域センターの設立を提起し、わが国政府が主導して上記センターを設立させ、アジア地域の人材の輩出にも貢献している。南部は研究者であったが、厚生省関係者代表として昭和30年代末、経済企画庁に出向し厚生、建設、通産、農林、文部等各省にまたがる行政組織の中で水質保全法による指定水域の基準作りに取り組んだ。わが国で初めてである江戸川の水質基準の原案を作成したが、江戸川の水質汚濁は水質保全法制定のきっかけでもあった。そして、今日の公共用水域の環境基準の類型指定を定める際の基本的なプロトコールに繋がっていることは、南部が広い視野で、人の意見を取り入れようと努めていたことの証であろう。正五位勲五等双光旭日章に叙位叙勲されている。激務のため53（１９７８）年、45歳で夭折したことが惜しまれてならない。

（２０１５・５・11掲載、眞柄泰基）

26 戦後の拡張事業を陣頭指揮し、大阪市、関西圏の水道発展に尽力

清水 清三

明治41（1908）年～平成10（1998）年

清水清三は昭和４（１９２９）年、大阪高等学校から京都帝国大学工学部土木工学科に進み、７（１９３２）年、卒業後直ちに大阪市水道部に技手として入り、40（１９６５）年、退任まで33年間、水道部（後に局制となる）で勤務する。なお、その間、約６年間技術将校として軍籍にあって、海外の鉄道の布設に従事した。

水道部では、下水道関係（処理場の設計、下水道の管理）に約７年間従事した後、上水道関係に転じ、戦時中は業務課工事係長として給水装置の維持管理に従事。戦後、工務課長、浄水所長を経て昭和32（１９５７）年、水道局に部が設置され、初代の工務部長、34（１９５９）年に水道局長になった。

終戦後、空襲によって壊滅的な被害を被った給配水設備の戦災復旧と漏水防止に苦労した。戦後の復旧が進むにつれ、急増してきた水需要に対応した設備の増設改良工事並びに補修工事に陣頭指揮を執った。

拡張工事では、戦争で一時中断していた第6回拡張事業の再開と完成、7拡、8拡の一部通水、9拡の計画と戦後の大阪市水道の建設拡張のほとんどを手掛けた。これら建設改良工事にはウェルポイント工法や大口径ダクタイル鋳鉄管の採用など新しい技術を率先採用した。また、若い技術者には現場経験が必要として、大卒の新採用者を数年間浄水場に入れて浄水技術の習得に当たらせた後、計画・設計部門に配置している。

また、浄水技術においても水源である淀川の水質汚濁に対応して、柴島浄水場において、緩速ろ過系での薬品凝集沈殿、曝気処理及び前塩素処理、急速ろ過系での不連続点前塩素処理を行った。

地下水汲み上げによる地盤沈下を防止するため、地下水の使用制限を強化したが、その代替水を供給する工業用水道を建設するため、水道局に工業用水道部を新設し、また大阪府と共同で大阪臨海工業用水道組合を発足させ、地盤沈下防止に大きな成果を収めた。

大阪府下の給水の安定化を目指して、大阪府営水道との連携を図り、8拡では導送水管相互を連絡した。府営水道磯島取水場の河床低下による取水不能時に効果があった。

40（1965）年水道局長退任後、日本鋳鉄管協会（現・日本ダクタイル鉄管協会）の理事長に就任、50（1975）年に退任するまで、水道管路の質の向上に貢献した。

水道界の連携に意を用い、大阪市水道局のＯＢと現職局長の親睦会であった土曜会を大阪市水道局、京都市水道局、神戸市水道局、大阪府水道部、阪神水道企業団の部長以上のＯＢ及び現職も参加するまでに発展させた。また、昭和41（1966）年に日本水道工業団体連合会（以下、水団連）が創設されたが、水団連発起人会議長としてその設立に努力し、運営委員も務めた。

以上の功績から53（1978）年勲四等旭日小綬章を授与されている。

平成10（1998）年逝去、享年90。

（2015・8・24掲載、藤原啓助）

27 上下水道学を体系化した医学博士にして工学博士

廣瀬　孝六郎

明治32（1899）年〜昭和39（1964）年

■内務省から東大に

廣瀬孝六郎は明治32（1899）年奥田教信の六男として生まれた。新潟県立巻中学校、第一高等学校を経て大正12（1923）年東京帝国大学工学部土木工学科を卒業、直ちに内務省に入省した。13（1924）年廣瀬次郎の長女つぎ子と結婚し、廣瀬姓を継いだ。廣瀬家の先祖の廣瀬宰平は明治維新時に住友財閥の再興・発展に尽くした大番頭として語り継がれている人である。

15（1926）年内務省を退任して東大学医学部医学科に入学し、

昭和５（１９３０）年同学科を卒業後、医学部衛生学教室研究生となり、緩速ろ過池の大腸菌除去能の実験研究に携わっている。

■ハーバード大学へ

昭和７（１９３２）年４月東大土木工学科の恩師草間偉教授の招きによって工学部講師、同年７月助教授、９月にはロックフェラー財団研究生として渡米、ハーバード大学工学部衛生工学科のフェアー教授に師事して急速ろ過の研究に従事した。この留学は後に公衆衛生院（現・国立保健医療科学院）を設立するための布石だったと思われる。

９（１９３４）年ハーバード大を終えた後ベルリンのプロシア国立水土地空気衛生研究所に入所し、アメリカとは違う雰囲気を味わって10（１９３５）年に帰国した。

14（１９３９）年東大助教授の身分のまま、ロックフェラー財団の寄付で設立された公衆衛生院の衛生工学部長と厚生技官を兼務している。

■国立公衆衛生院衛生工学部長兼務

昭和15（１９４０）年には南満州鉄道㈱（以下、満鉄）の招きで満洲を旅した。この間、満鉄の水道技術者たちから土木工学科から衛生工学科の早期分離を要請されているから、当時既に衛生工学科独立構想は専門家の間に広まっていたらしい。また時の満鉄工務部水道課長大野巌は同じ草間教授の直弟子ということもあって、大いに意気投合している。謹厳・方正でなる廣瀬が豪放磊落、酒豪の大野とどんな話題で酒を酌み交わしたのであろうか。

その年の暮れ、ろ過による細菌除去能の研究で、医学部と工学部から相次いで博士の称号を授与され、1週間に2つの博士号を得たと巷間の評判になった。

■上下水道学を体系化

昭和17（1942）年東大教授となり、わが国上下水道の研究・教育の総帥として、上水道学、下水道学の体系を確立した。また、わが国の下水道建設の遅れを見越し、それを補完するために早くからし尿処理の研究を続けていた。戦後、日本独自のシステムである消化によるし尿処理技術が実用化されたのは廣瀬の功績に帰せられる。

廣瀬の講義は名著『上水道学』を読み聞かせるものであった。この書には水道技術のすべてが書かれていた。50年後の現在行われている水処理技術中、この著書に記載がないのは合成樹脂膜ぐらいで、活性炭も二酸化塩素もオゾンも紫外線もセラミックろ材も記述されている。筆者は、水処理会社に籍をおいていた時代、この本のお陰で日本では行われていない処理技術が要求される外国案件の施設設計において一度も困ったことはない。

■都市工学科の発足

昭和30（1955）年廣瀬は米国留学時代からの宿題である衛生工学科の分離独立を実現するべく行動を始めたが、この構想は北海道大学と京都大学に先を越され、東大での実現は廣瀬が東大を退官した36（1961）年まで待たなくてはならなかった。しかも、学科名は「都市工学科」となった。

39（1964）年廣瀬は会長として第2回国際水質汚濁研究会議を主宰した。その激務もあって病に伏すことになり、同年11月3日逝去した。肝硬変であった。享年65。

（2015・9・10掲載、藤田賢二）

28 水質汚濁の防止に尽力した、一途な追求心を備えた親分肌の技術屋

田邊　弘

明治42（1909）年～平成6（1994）年

■関東庁で水道を手掛け、厚生省に

田邊弘は、明治42（1909）年11月岐阜県大垣市に生まれ、昭和8（1933）年京都帝国大学土木工学科を卒業、関東庁（日露戦争により得た租借地・関東州を管理する）に入った。大連、旅順等の水道の拡張事業に従事した。21万m³/日に及ぶ大連の第5次～7次拡張事業では、5拡の工事主任、6拡の計画主任と工事主任を務めた。戦後処理が終わった22（1947）年3月に帰国した。

大陸では、水源開発に主力を注ぎ、満州に広く分布している「黄土」

を用いたアースダム築造や、満州との境の碧流河流水の分水に係る折衝に自ら従事した。

日満国間の条約締結の下、「省鉄材設計」（低圧部にヒューム管使用）による遠距離導水計画の策定に尽力し、着工するも戦争が激化し中止となった。帰国後、姫路市水道課長を経て厚生省に採用され、25（1950）年8月19日環境衛生局水道課長に就任した。34（1959）年4月16日に退職するまで、戦後の復興期の上下水道行政を担当した。その間、昭和32（1957）年までは、上下水道行政は、厚生省と建設省の共管であった。

■厚生省の水道行政の基礎を

戦災により打撃を受けた上下水道の復旧・復興を手始めに、水道普及率を厚生省在職中に約50％（在籍前約20％）にまで高めた。これには、昭和27（1952）年度予算で実現した「簡易水道への国庫補助制度の創設」（1・25億円と少額だったが）と「水道行政3分割」（32（1957）年閣議決定）を機に、10年掛けて検討してきた『水道法』の制定（32（1957）年）を実現したことが関係している。

建設省との法案折衝相手は、大学同窓（3年先輩）の岩井四郎（後に日本水工設計㈱社長）で、個人的には親しかったが、折衝は難航の連続だった。また、水道法案で実現困難な水源保護問題を解決すべく、西片武治課長補佐に指示し、「水質汚濁防止法案」の要綱作成に取り組んだ。関係5省庁に働きかけて「水質汚濁防止に関する連絡協議会」を設置した。協議会の幹事として尽力し、20回の議論により法案準備着手の合意を得、自らも研究に当たる等先駆的な役割を果たした。

33（1958）年の水質二法の制定に繋げた。研究の成果を「わが国公共水の汚濁とその防止対策」と題する論文としてまとめ、昭和30（1955）年10月に京大から工学博士の学位を授与された。課長時代には、内藤幸穂（川崎市、後に学校法人関東学院の理事長）、山村勝美（阪神水道組合、後に厚生省水道環境部長）をスカウトし厚生省に採用、酒勾幸景（道庁）らを研修生として迎える等、国・地方の水道人の確保・育成にも配意した。

■コンサルタント業の周知や地位向上等に尽力

国際会議への参加や、ラオスが戦後賠償を放棄したお礼に、日本からの水道等の建設の話が話題になったこと等から、国策的見地から海外業務の作業が出来る日本のコンサルタントの必要性を強く感じていたところ、厚生省退職前後に厚生省や、日本水道協会の西片武治総務部長ら水道界の関係者が検討していたコンサルタント設立の話がまとまった。要請を受けそれを受理、昭和34（1959）年5月25日に設立の㈱日本水道コンサルタント（現・㈱日水コン）の初代社長に就任した。

上下水道分野のコンサルタント業の社長として、会社設立時の技術力整備や人材確保、資金繰り等に尽力、今日の発展の礎を築いた。公職としては、日本技術士会や日本コンサルティング・エンジニヤ協会（現・海外コンサルタンツ協会）の会長を務める等、健全なるコンサルタント業の周知や、その地位向上等に一貫して取り組んだ。

その一例として、52（1977）年に今日の品質確保法の先取りともいえる〝プロポーザル方式〟によるコンサルタント業務発注を関係省庁や地方公共団体に要望している。

また、社長就任当初から海外進出に情熱を注ぎ、経営の苦しい中でも、社員の語学力向上等の教育に尽力、途上国や関係機関から高い評価を得るまでに海外部門を育てた。上下水道を主とする国内業務についても、わが国で1、2を競う会社にまで発展させた。人事面では、京都市から堤武をスカウトし、その育成に努め、堤は60（1985）年1月1日、社長を引き継いでいる。

田邊を支えた女房役として、西片武治（厚生省課長補佐、後に日水協）と椎名恵三（厚生省課長補佐、後に㈱日本水道コンサルタント副社長（現・㈱日水コン））を挙げることができる。

田邊の人柄を一言で表すと、昭和34（1959）年第1回技術士試験を「率先受験」し合格等と一途な追求心を備えた親分肌の技術屋だった。平成6（1994）年1月5日逝去、享年84。

（2015・11・5掲載、鈴木繁）

29

公衆衛生を基盤に簡水制度化と浄化槽法制化に力を入れた公正無私の人

楠本　正康

明治36（１９０３）年～平成5（１９９３）年

楠本正康は、厚生省環境衛生部長（昭和26～32（１９５１～１９５７）年）として、簡易水道の制度化と水道法制定の陣頭指揮を執り、退官後、41（１９６６）年日本浄化槽教育センターを設立、理事長として浄化槽の普及促進に力を入れ、浄化槽法制定に繋げた立役者である。また、清掃事業の近代化を唱え、46（１９７１）年の「廃棄物の処理及び清掃に関する法律」制定に向けた提言を取りまとめている。

新潟医科大学の学生時代に公衆衛生を生涯の道として定め、大学で助手を務めた後、内務省、千葉県、厚生省、石川県、厚生省保健所課長を経て、昭和26（１９５１）年7月、環境衛生部長に就任した。地方勤務を経て、公衆衛生対策や生活改善の上で、水道の普及が極めて効果的であることを早くから理解していた。当時、水道は厚生省と建設省が共管していたが、地方での小規模水道は、衛生対策の観点から厚生省が前面に出て担っていた。南海地震（21（1946）年12月）で、家庭用井戸水の塩水化など、飲用に適さない被害が生じ、その対策として、簡易水道の布設が国の補助のもとに進められることになり、27（1952）年度に1億2500万円で予算化された。これが発端になって、楠本部長の引いた路線に沿って、簡易水道の整備が全国的に広まることになる。

■水道法の制定

その後、昭和32（1957）年1月、水道行政3分割の方針が固まり、水道、下水道終末処理場は厚生省の所管となり、同年5月には水道法の制定と急ピッチで進められた。この間の国会審議では、楠本部長が政府委員として答弁に立ち、水道技術者の養成・確保、水道用水供給事業の意義・目的、水源水質汚染対策、簡易水道の補助制度の運用などについて説明している。

■うるさ型の多い浄化槽業界での羅針盤

厚生省退官後、楠本の関心は汚水に集約されることになり、浄化槽の調査研究を、柴山大五郎（全国浄化槽団体連合会（以下、全浄連）会長）、桜井善雄（信州大学教授）らと進めるとともに、制度面の整備に取り組んだ。

■諏訪湖浄化対策

楠本は長野県の出身であり、その縁もあり、諏訪湖の汚染を何とかせねばと「諏訪湖浄化対策研究委員会」を委員長として組織し、地元の他、厚生省、環境庁の職員に声を掛け、研究会を開いた。夏には、楠本の軽井沢の別荘で開催するとの案内に、関係者一同楽しみに参集したが、昼になっても、食事の気配もない。聞くと楠本は1日2食主義で、それにつき合わされたわけである。この研究が湖沼法の制定に繋がる。

■公衆衛生の原点

楠本は、昭和13（1938）年、全国で初めて設置された木更津保健所長として発刊した冊子で、「寄生虫の駆除と予防」と「伝染病の予防」のために、適正な「糞便の処理」、「飲料水の改善」、「住宅の改善」を挙げている。これが楠本の公衆衛生に関する原点と見てよかろう。

また、下水道については、「地域の地理的諸条件によって規模が定められるべきもの」として、全国一律での流域下水道政策を批判し、建設省にとっては煙たい存在であった。そこで楠本が力を入れたのが、浄化槽であり、何かと問題が多かった浄化槽の適正管理の体制、中でも、人材養成を急務とし、41(1966)年、浄化槽教育センターを設立、局長通知による認定講習会を開始した。当初は、単独浄化槽が対象であったが、雑排水による水質汚濁の防止が重要との認識が生まれ、合併浄化槽の開発・普及が課題とされ、センター事業として取り上げられた。ここで、特筆すべきはセンターが要となって、官・学・民の連携のもと、実地に即した技術開発の体制が整えられたことである。筆者(小林)は何回となく、群馬県や長野県での合併浄化槽の試験に案内してもらった。

■浄化槽法の制定

浄化槽の発展のために、法律上の裏付けの必要性を早くから認識し、特に、「技術者の養成講習会」については、将来国家資格になることを想定して、実施していた。しかし、政府提案の立法は調整が進まず、議員提案の「浄化槽法」制定に方針に切り替えられた。このため、昭和55(1980)年、「財団法人日本環境整備教育センター」に改組し、昭和52(1977)年、任意法人としてスタートした「全浄連」も、54(1979)年に社団法人としての許可を得、併せて、「政治連盟」の組織化も行われた。こうした布石のもと、「浄化槽法」は、58(1983)年5月制定に至ったのである。

楠本は、複雑で利害が入り組んでいた浄化槽の分野で、利害に捉われず公正無私の立場を貫き、リードした。平成5（1993）年逝去、享年90。

（2015・12・3掲載、小林康彦、三本木徹）

30 民、軍、官、学の多彩な経歴…先見性に富む事績を残した品格の人

石橋　多聞

大正6（1917）年～平成2（1990）年

■満州から兵役、福井市へ

石橋多聞は大正6（1917）年福井県武生市に生まれた。武生中学校、第四高等学校を経て昭和15（1940）年東京帝国大学工学部土木工学科を卒業し、南満洲鉄道㈱に入社した。7カ月後には兵役に服している。

中国、シンガポール、ベトナム、スラバヤ等を転戦、弾の下をくぐり抜けて21（1946）年6月に復員し、10月に福井市水道局下水課に勤務した。当時、福井市水道局には満鉄の実力派水道技術者が蝟集

して、戦災、大火、大地震と相次ぐ災害で壊滅的な被害を蒙った同市上下水道の復旧に大車輪の活躍をした。とりわけ下水道の整備に力を注ぎ、「下水道の福井市」と全国に名を轟かせていた。

■厚生省水道課へ

福井市の復興が一段落するや、彼らはより広い活躍場所を求めて四方へ散っていった。石橋は恩師・廣瀬孝六郎教授の要請で昭和23（1948）年厚生省水道課に入った。

32（1957）年にはWHOの研究員としてアメリカに6カ月留学し、水質汚濁に関する法制と行政について調査研究した。帰国後は、経済企画庁を併任して水質汚濁防止に関する法案作成に携わり、これが「水質二法」として結実している。

34（1959）年厚生省水道課長となり、水道広域化をにらんで、厚生省単独で「水道用水公団」の新設を目論んだが果たせず、後に農林・建設・通産の3省と相乗りで設立された「水資源開発公団（現・水資源機構）」として実現した。

38（1963）年に始まる東京大渇水では、緊急措置として荒川から東京水道への導水を政府に認めさせ、「東京砂漠」の解消を東京オリンピック開催に間に合わせた。

■水道課長から東大教授に

昭和39（1964）年、東大に招かれ、厚生省を辞した。工学部都市工学科の教授として静かな研究・教育生活が送れるはずであった。しかし、大学紛争という時代の波がそうさせなかった。大学もまた彼の実戦経験、行政手腕を必要としたのである。団体交渉や教室の不法占拠などへの対応に不毛な時間と体力を消耗し、その疲れから胃癌を発症して胃の全摘手術を受けた。退院後も、怒号や灰皿が飛び交う団体交渉の矢面に立ち、理不尽な要求を拒否し続けた石橋の毅然とした態度は見事なものであった。

そのような中で執筆した『上水道の事故と対策』は、これまで密かに処理されがちだった事故に光を当ててその対応を考究したものである。100人を超す水道技術者から提供された実例を基に事故の原因を抽出し、事故防止方法を述べている。昨今言われ始めた「失敗学」の先駆けとなるものとして評価が高い。

52（1977）年東大を定年退官し、山梨大学に移って工学部環境整備工学科教授として学生の指導に当たった。そのかたわら山梨日々新聞の客員論説委員を務めている。

■国際水道会議を京都で

昭和53（1978）年国際水道会議の第12回総会が京都市で開催された。その会長に推挙された石橋は国の内外から数千人を集める大会議を成功に導き、日本の評価を大いに高めた。

60（1985）年には国際オゾン協会会長として東京で開催された第7回国際オゾン会議を主宰し、国の内外から多数の実務者、研究者を集めた。この会議によってわが国の水処理技術水準の高さを世界が知るところとなり、以後日本への留学生が増えた。会議場では石橋の端正な容姿が大変に映え、パーティでは、魅力的な和服姿の奥様と共に花のように見えた。

63（1988）年春の叙勲で勲二等瑞宝章を授与された。翌64（1989）年再び病床に伏し、昭和の年号を追うように平成2（1990）年8月22日逝去した。享年73。

代表的著書に前記『上水道の事故と対策』（技報堂）の他『上水道学』（同）、『公害・衛生工学大系』（日本評論社）、『憂れうべきゴミ問題』（日本環境衛生センター）がある。

（2015・12・17掲載、藤田賢二）

31 節目に必ず活躍…大局的見地から戦後の水道行政をリードした

西片　武治

大正4(1915)年〜平成5(1993)年

■厚生省水道課発足時から

西片武治は大正４（１９１５）年新潟市で生まれた。昭和14（１９３９）年中央大学専門部法学科を卒業して、太平洋戦争の始まる直前の16（１９４１）年２月、軍事保護院に就職した。

終戦後の21（１９４６）年には厚生省に転じ、翌22（１９４７）年12月厚生省予防局衛生施設課に配属された。これが水道行政を歩む第一歩であった。

23（１９４８）年７月には、厚生省に水道課が設けられ、以来31（１

956）年3月に厚生省を退職するまで、8年余りにわたり水道課に在職した。
戦後の混乱期に、上下水道行政を担ってきた。上下水道行政は、32（1957）年の3分割閣議決定まで、厚生省と建設省の共管で、両省に水道課が存在するという事態であった。

厚生省水道課が創設されるにあたっては、課長に技術系職員の起用を進言、東京都水道局出身の田中鑑が任命された。

戦後の復興期には、水道条例の改正が水道協会（現・日本水道協会、以下、日水協）の悲願で、西片は法案作成に取り組み、昭和24（1949）年5月には、水道法案第1試案を発表し注目を集めた。建設省も水道法案を作成した。これを契機に、厚生、建設両省の所管争いが激化した。

26（1951）年、水質汚濁防止法案を作成、公害防止の先駆的役割を果たした。27（1952）年、簡易水道施設に国庫補助が認められ、予算獲得と事業拡大に大きな役割を果たした。特に当時の農山漁村での水道による飲料水確保は、生活面の革命であった。これがその後の国民皆水道に繋がってゆく。全国簡易水道協議会の設立にも、尽力した。

西片の悲願であった水道法制定は、水道行政3分割決定後の32（1957）年6月に成立、今日に至っている。

■水道協会に転身

昭和31（1956）年、請われて日水協の総務部長に就任した。43（1968）年には事務局長、46（1971）年に専務理事となり、51（1976）年まで日水協に20年間勤務した。退任後は、日水協の名誉会員に推挙された。

昭和31（1956）年に水道協会は日本水道協会と名称を変更、33（1958）年には、業界の協力を得ながら水道橋に水道会館を竣工させた。44（1969）年に市ヶ谷の新たな水道会館に移転した。

昭和30年代から40年代にかけて、水行政とりわけ水道行政にとって激動期であった。37（1962）年には、水資源開発公団が発足した。その折り、西片は、当時の大平正芳官房長官に水道界から理事を選任することを直訴している。西片は、軍事院勤務の戦時中から、大蔵省の幹部であった大平と懇意であった。水道界からは監事に佐藤志郎元東京都水道局長が任命された。

■水道行政の節目で活躍

昭和42（1967）年、厚生省の水道水源開発施設整備費と水道広域化施設整備費に対する国庫補助制度が発足した。前年12月、西片は赤坂プリンスホテルに予算獲得本部を設置、水道推進議員連盟の朝食会を開催した。認められた水道国庫補助金は、総額7億円であった。大蔵省はこれをゴジラの卵と称した。後年ピーク時には、1500億円にまで増額されることになった。

49（1974）年発足した厚生省水道環境部の創設にも、大きな役割を果たした。当時の加藤武厚生省事務次官に衛生工学系の職員の登用を依頼している。その結果、3代目の國川建二部長から歴代、衛生工学系の技官が部長に就任した。

53（1978）年に、京都宝が池の国際会館で国際水道会議が開催された。日本で初めての水道国際会議であった。この時の準備段階で、京都開催の折衝を取り仕切り、終身名誉会員に推挙された。

民間関係では、昭和29（1954）年の日本水道新聞社の設立、43（1968）年の日本水道工業団体連合会（以下、水団連）の設立にも尽力した。

このように、西片は、戦後の水道行政の節目で大きな役割を果たしてきた。まさに大局的見地から水道行政をリードしてきた。平成2（1990）年の水道法制定百周年の記念式典で、水道功労者として厚生大臣表彰を受けた。

■人への思いやりとゴルフ、水泳

西片は総務部長当時、正月には四ツ谷の自宅に水道協会の若手の職員を招待、お祝いを行った。入り口には日水協にちなんで「酔狂亭」と書かれた紙暖簾を掲げた。床の間には、結婚祝いに贈られた本庄元陸軍大将直筆の「満堂和気生嘉祥」の軸が掲げられた。また出身地新潟の先輩、良寛や会津八一をこよなく愛した。酒席は豪快で、酔うほどに何人かは「お前は首だ」と言い渡されたという逸話が残っている。

西片は、ゴルフに熱心であった。水団連に事務局を置いている水友会のコンペで13回も優勝している。相模カントリーではホールインワンを達成している。練習にも熱心で、コンペの前には、アプローチ、バンカーショットを黙々とこなしてきた。

70歳からは、健康に良いと四ツ谷のプールに通った。初めは25mも泳げなかったが、その後は1日1時間1300mを目標とした。以後6年間、年に175日通うほど熱心に続けた。入院の前日にも1000mを泳ぎ切った。

平成5（1993）年食道癌で亡くなった。

辞世の句は、「生涯の悔いることとなし秋もみじ」。77歳だった。

（2016・1・18掲載、坂本弘道）

32 町村長の力を結集、簡易水道普及促進の舞台廻し

高島　作雄

大正5(1916)年～昭和49(1974)年

■生活改善のエースとして簡易水道登場

高島は、昭和30（1955）年11月の簡易水道協会全国連絡協議会(現・全国簡易水道協議会）の発足とともに事務局長に就任し逝去までの19年間、簡易水道の普及促進に努め、今日の基礎を築き上げた。簡易水道が注目を集めるようになったのは、昭和21（1946）年の南海地震による家庭用井戸の被害への対応に国庫補助を行っていたことだった。それを契機として27（1952）年度に厚生省が打ち出した簡易水道への補助制度が創設された。当時、農山漁村では、生活

用水の確保は、個々人に任され、そのため、水に起因する疾病の発生、水汲みは特に女性と子供の仕事とされていた地区では苦労の種であった。また、消火栓がつけられることも魅力であった。衛生、便利、安全の面で、地域として取り組むには格好のテーマであり、市町村長にとっても政策課題になりやすいものであった。

それまで、水道と言えば都市のものと考えられ、中小都市では未普及の地域も多かった。それが、周辺の農村部での簡易水道の布設に触発され、全国的に水道布設の機運が盛り上がった。

■全国及び都道府県の組織化

簡易水道の普及促進のため「国の財政強化・政府予算の獲得等」の全国組織として、昭和30（1955）年、簡易水道協会全国連絡協議会（32（1957）年に全国簡易水道協議会に改称、以下、簡水協）が発足し、高島は13年間務めた厚生省を退職し、事務局長に就任した。事務局の机は、厚生省水道課の中に置かれた。高島は厚生省時代、大学の法学部に通い、司法試験を目指したが、簡水協一筋に絞った。

厚生省及び高島の意図は、地方組織が揃わない段階でも簡水協の設立、全国大会の開催、地方組織の拡充、簡水協の活動強化、という路線であり、高島の粘り強い努力で都道府県単位、次いで、ブロック会議が整えられた。

■町村長を先頭に

簡易水道の普及促進には町村長の関心は高く、その熱意が国会議員を動かした。大会では、出席議員の紹介のタイミングなどで不手際が指摘されるなど、運営には苦労した。

簡水協の事務所とそれに付属する全国市町村水道資機材情報センターを全国町村会館に置いた（事務所は昭和40（1965）年2月に厚生省水道課内から移転、7月にセンター開設）のは、市町村と都道府県との結びつきの上で極めて有効であり、高島の慧眼によるものであった。

厚生省の政策面では、昭和32（1957）年の水道法の制定、33（1958）年度の広域簡易水道への補助制度の創設、41（1966）年度の補助率1／3への引き上げ―などがあった。

高島は、協議会内に委員会を設け「第1次水道制度の改善に関する意見書（46（1971）年）」を取りまとめるなど、簡水協として尽力した。

■簡易水道としての体系化

簡易水道は、施設基準をはじめ、日本水道協会（以下、日水協）策定のガイドブックに準じて運用されていたが、実態に合わない面も少なくなく、簡易水道向けの規範が必要との認識のもと、簡水協として、編集、出版に当たった。

・機関誌『簡易水道』を昭和31（1956）年創刊号発刊、39（1964）年1月より『水道』に改題し、月刊誌にした。

・『簡易水道実務指針（必携）』33（1958）年発刊。計画にあたっての必携図書として今日まで継続している。

・『水道ハンドブック』（全6巻、内藤幸穂委員長、44（1969）年発刊完）

・『簡易水道の施設基準—基準の内容と運用』（47（1972）年発刊、山村勝美著）

・『水質の話』（48（1973）年発刊、萩原耕一著）等がある。

また、

・研修会「水道実務指導者研究集会」（昭和42（1967）年〜）をはじめ、「水道事業実施説明会」の開催（46（1971）年〜）を通じて情報の提供に努めた。

■日水協との統合問題

昭和39（1964）年、厚生省水道課長から東大教授に就任した石橋多聞は、日水協と簡水協の統合を強く主張した。しかし、支持者は少なく、高島も静観の立場をとった。法人化するより、自由度の高い任意法人のままの形態をとり続けた。

一方、高島は、都道府県単位で運営管理を担う法人を頭に描いていたが、具体化することはなかった。49年逝去、享年58。

その後合併による市町村数の減少、都道府県の協会運営の困難性等から検討してきた『運営体制検討会報告』（委員長・坂本弘道（日本水道工業団体連合会専務理事、当時））が平成22（２０１０）年12月にまとめられ、当面３年後を目途に日水協との一体化を目指すとの方向性が示されたが、まとまるには至っていない。

（２０１６・２・４掲載、小林康彦・鈴木繁）

33 多彩にして卓抜な天賦の才をユーモアに隠し、人を魅了した

内藤　幸穂

大正13（1924）年～平成26（2014）年

■厚生省でミシガン大学留学

内藤幸穂は、大正13（1924）年『星の王子様』の訳者として知られるフランス文学者、内藤濯の次男として生まれた。府立高等学校を経て、昭和21（1946）年東京帝国大学工学部土木工学科を卒業、管工事会社に一時席を置いた後、24（1949）年川崎市水道部拡張課に入った。

26（1951）年厚生省公衆衛生局水道課に移り、30（1955）年にはＷＨＯ奨学生として米国ミシガン州立大学工学部衛生工学科に留

学して、スネル博士に師事している。

帰国後は、厚生技官として水道行政に携わるかたわら、東大土木工学科の兼任講師を務め、ここで博士論文になるコンポストの研究を行っている。

■民間会社から中央大学へ

昭和35（1960）年荏原インフィルコ㈱に入社し、営業第3課長として水処理プラントの輸出業務に携わった。同時に、中央大学理工学部土木工学科で兼任講師を務めている。また、39（1964）年に開催された国際水質汚濁研究会議では、卓越した渉外力と事務能力をもって、廣瀬孝六郎会長を扶け、会議を成功に導いた。

40（1965）年荏原インフィルコ㈱を辞し、翌41（1966）年中央大理工学部教授に就任した。この時期に著書、訳書を4冊上梓している。原稿手書きの時代、超人的な執筆の速さは周囲を驚かせた。

■タイ国派遣水道専門家として活躍

あたかもその頃から始まった学生運動は激化して、中央大をも襲った。大学は校門を閉じ、教員はその門番をする始末となった。折りしも、海外技術協力事業団（現・国際協力機構）タイ国派遣水道専門家として、タイ国赴任を厚生省から要請され、昭和45（1970）年中央大教授の職を投げ打ってタイへと活躍の場を移したのである。

タイ国在住時には、日泰両国の要人との応接、水道施設計画など多忙な本務の他、日本人学校のPTA会長、さらにはチュラルンコン大学客員教授も務めている。

■市ヶ谷に事務所開設

任期を終えて帰国後の昭和47（1972）年、市ヶ谷に内藤幸穂事務所を開設した。待っていたとばかり、国や市町村の水道関係者、水処理会社、廃棄物処理会社の技術者、営業担当者などが助言を求めて押し寄せ、門前市を成した。博識とユーモアに富む語り口が、人々を魅了したものである。年末には「内藤パーティ」が開かれ、産・官・学の俊秀たちが大挙集まって交歓した。そのメンバーが、当時から今世紀初頭に至る、水道と廃棄物の行政・建設・研究の主役になっていったのである。

53（1978）年に開催された国際水道会議では、卓抜な語学力と企画力で、石橋多聞会長を補佐して会議を成功に導いている。

■関東学院大学ラグビー部を強豪に

昭和56（1981）年東大の推挙で関東学院大学土木工学科教授に就任した。当初は役不足と推薦を躊躇した東大も、「急逝した前任者井深功先輩の骨を拾いたい」との強い希望を受けて、推挙したというい きさつがある。

就任するや、深い学識と卓抜な経営能力は、直ちに学内諸氏の認めるところとなり、64（1989）年には関東学大学長、平成3（1991）年には同理事長に選ばれた。その間、土木工学科女子部を新設して学界と業界を驚かせ、学内スポーツクラブの振興に傾注して、弱小ラグビー部を強豪チームに仕立て上げ、さらに、オックスフォード大学との緊密な交流等を実現した。関東学大の知名度を高めた功績は極めて大きい。しかし、本稿の趣旨である水道分野の事績とは言えないので、詳細は省く。21（2009）年理事長を退任し、悠々自適の生活を送っていた矢先、26（2014）年5月に脳梗塞で突然入院、脳腫瘍を併発して7月3日逝去した。享年89。著書に『上下水道工学演習』（学献社）、『上水道工学演習』（同）、『技術協力に賭ける』（竹内書店）が、訳書に『大気汚染防止と公害処理』（技報堂）、『公害事典』（日本評論社）、『水処理技術事典』（同）がある。

（2016・4・7掲載、藤田賢二）

34 今日の水道行政の礎を築き、水道広域化、国民皆水道を実現

國川 建二

大正15（1926）年～平成3（1991）年

■台湾からの引き揚げ

國川建二は大正15（1926）年2月11日、熊本県南関町に生まれ、幼い頃から台北で育った。南門小学校、台北3中から台北帝国大学予科工科に進んだ。中学から予科にかけてサッカーの選手として過ごした。予科時代の昭和20（1945）年8月1日、臨時招集で台湾北部実戦部隊船舶工兵連隊に入り、小柄な体で重機関銃を担いだ。その半月後に終戦を迎えた。

21（1946）年3月、リュックに毛布と衣類、僅かな本を入れて、

和歌山の田辺港に引き揚げてきた。九州帝国大学に転向するために家族を残しての一人旅であった。

九大では工学部土木工学科に籍を置いた。台大予科と九大土木工学科の同級生に、後に建設省下水道部長を務めた遠山啓がいる。國川と遠山は、大学内の空き部屋に同居していた。また研究室の仲間に、同じく建設省下水道部長を務めた井前勝人がいる。

24（1949）年3月、九大を卒業、福岡県庁に就職した。配属先は衛生部予防課だった。県庁時代は、水道係長として、炭鉱住宅の赤痢集団発生の対応等に追われた。

■厚生省に異動

昭和35（1960）年7月、請われて厚生省公衆衛生局環境衛生部水道課に異動した。

37（1962）年には、水資源開発公団（現・水資源機構）が発足し、水道の主務省である厚生省の代表として、水関係省庁との折衝に奔走した。この頃から、全国的に水道の建設が急激に進み、大都市を中心に水源不足が深刻になった。その対策として、ダムの建設、生み出された水を運搬する水路の建設が進んだ。

昭和40年代に入って、多目的ダムの建設費用負担配分、いわゆるアロケーション決定の各省会議では、水道課技官筆頭課長補佐として、折衝に当たった。

43（1968）年度には、水道水源施設と広域水道の建設費への国庫補助制度が発足した。水道用のダムや水路、広域水道事業の建設費に対する国庫補助で、総額7億円のスタートだった。その制度実現に向けて陣頭指揮を執った。この補助金は、後年ピーク時には、年額1500億円を上回った。

■広域水道と簡易水道建設の推進

昭和43（1968）年10月、水道課長に昇進した。43歳だった。以来、8年にわたり水道課長として、国の水道行政を牽引した。

水道行政にとって、全国民が水道を利用できる体制、いわゆる「国民皆水道」が大きな目標だった。その基礎を作った。水道整備5カ年計画の策定に取り組んだ。47年には「水道の広域化とそのアプローチ方策」を事務局として取りまとめに当たった。この答申は、わが国の水道広域化の推進役となり、厚生省水道環境部の発足の足掛かりとなった。

国民皆水道実現のための柱は、簡易水道の建設に対する国庫補助と水道水源施設整備費補助であった。簡易水道の建設も急激に進められ、水道普及率の上昇に貢献した。水道水源開発施設整備費も、年々急増し、ダムや水路の建設、水道用水供給を中心とした広域水道の建設が全国的に展開された。

国庫補助の増大とともに、大きな課題は水道部の新設であった。49（1974）年、水道と廃棄物行政を担当する水道環境部が創設された。また51（1976）年、水道水源開発施設整備費の国庫補助率の大幅な引き上げが実現した。

■技官初めての水道環境部長に

國川は、昭和51（1976）年3代目の部長に就任した。技術系の部長としては最初であった。以来、水道環境部長は、各省再編で廃棄物行政が環境省に移管されるまで衛生工学系の技官が担当した。53（1978）年には、議員立法として水道法の改正に携わった。広域的水道整備計画や簡易専用水道が条文化された。

國川は、厚生省の衛生工学系職員の採用に力を入れた。昭和46（1971）年に環境庁が発足、衛生工学系の職員は、環境庁に配属される人も含めて厚生省採用となった。これは、平成12（2000）年の環境省発足まで続けられた。昭和40（1965）年、厚生省の衛生工学系の職員は10名に満たなかったが、今日では環境省を中心に100名以上が活躍、環境省事務次官を務める後輩も出てきた。

55（1980）年1月水道環境部長を退任、6月に水資源開発公団監事に就任、また57（1982）年6月に理事になり、60（1985）年11月まで務めた。水資源開発公団では、5年余りにわたり、公団の監査や、管理を担当した。

同年12月日本水道工業団体連合会（以下、水団連）の専務理事に就任、民間の立場で上下水道、工業用水道の団体、会社の調整、進展に努めた。厚生省、建設省、通商産業省の3省が共管という連合会で、バランスよく仕事をこなすことが要求され、穏やかな人当たりで見事にこなした。

平成3（1991）年3月には、兼務で水道管路技術センター（現・水道技術研究センター）理事長に就任、5月には水団連を辞任した。

國川は、サッカーで培った持ち前のスポーツ感覚で、ゴルフをこよなく愛した。ドライバーショットは正確で、ボールは真っ直ぐ飛び、フェアウェイの真ん中に落ちた。一緒に回る後輩に、さりげなくエチケット等の紳士術を伝授することも忘れなかった。

3（1991）年7月12日、虎の門病院で亡くなった。65歳だった。

（2016・4・14掲載、坂本弘道）

35

耐震施策の先駆者、末端給水型広域水道の推進者

田邊　一政

大正8（1919）年～平成17（2005）年

■28歳で青森市の水道課長に

地方に居ながら、耐震施策のパイオニア、末端給水型広域水道の推進者としてその名を水道界に留めている。震害等に伴う相互応援協定等、今なお水道界に引き継がれている多くの施策もその発案によるなど、優れた先見性・洞察力・行動力を持って水道事業の発展に寄与した実務家田邊一政も、初めから上水道に関わっていたわけではなかった。

田邊は、大正8（1919）年青森市に生まれた。昭和16（194

1）年仙台高等工業学校（現・東北大学）土木工学科を卒業後、㈱西原衛生工業所に入社し、食肉処理場排水処理の研究に従事した。しかし召集後、結核となったため郷里の青森で静養し、21（1946）年4月、専門分野を生かすため下水道を志願して青森市に奉職した。

水道課の所管にあった下水係の仕事は、地形図と等高線図の作成から始まる状態であった。22（1947）年9月、28歳の若さで水道課長を拝命し、水道の戦災復興と第1期拡張事業を進めた。街の中に浄水場を造って上部空間を公園にする、八甲田山の水系の酸性水を水源にする（3拡で実現）、拡張工事で道路を作るなど、水道の枠に捉われない発想で事業を進めた。15年の間に料金値上げを8回行った。この間、地方公営企業法の施行によって企業会計が導入された東北地方主要都市でも、適正に処理されていなかったため、企業会計研究会を発足させた。また、労働争議に難渋する管理者が情報交換できるよう、今も続く日本水道協会（以下、日水協）水道事業管理者協議会の開催を提唱。技術面では、東北地方では凍結防止のため夜間に少量の水を流したままにすることから、不凍式給水栓委員会や水道メーター委員会を作って研究させた。寒冷地における給水装置の構造・材質の標準化を図るなど、活躍は青森に留まらなかった。希望していた下水道事業が始まったのは、水道部長に昇任した27（1952）年、本格的に軌道に乗ったのは、36（1961）年であった。

■八戸市で耐震化を推進

田邊が上水道分野で一層真価を発揮したのは、昭和38（1963）年市長選のあおりを受けて青森市を辞して、八戸市水道部長に迎えられ、水道事業管理者として53（1978）年に退任するまでの15年間であろう。

昭和43（1968）年、十勝沖地震の被害は青森県が最大であった。被害経験から地震で破損しないパイプの開発をメーカーに働きかけ、できたのがS形・BJ形の耐震継手を持つダクタイル鋳鉄管である。新しく開発された製品は、使用されることによって日の目を見る。全国に先立ち、配水本管に口径1500と1300㎜、市内を循環するループ配管には1000㎜を配した。それに留まらず、地盤と管路の挙動が知られていなかったことから4カ所の観測点で挙動観測を行い、53（1978）年の宮城県沖地震の観測結果から、伸縮可とう性の継手を持ち、管体強度の高いダクタイル鋳鉄管は地震に有効であることを実証した。実証実験をし、科学的根拠に基づく結論は説得力があって価値の高いものであり、日水協の有効賞を受賞した。

また、田邊はこの震災被害経験から、事業体が個別に復旧する事は無理と判断し、日水協青森県支部災害対策委員長として相互応援体制を取りまとめた。昭和44（1969）年の「青森県水道災害相互応援協定」は、行政の青森県衛生部長を本部長とし、水道事業者が相互に応援するというもので、応援隊の人件費・旅費・機械器具の貸出し料等は応援側が、応援資材・工事費用等は被応援者が負担するという画期的なもので、派遣要請をしやすくし短時間で復旧できる体制とした。46（1971）年には東北6県水道事業者間の相互協定「震害等に伴う相互応援計画」が成立し、53（1978）年の宮城県沖地震での早期復旧に大いに役立ったことから、全国的に相互応援体制が普及した。

■水道問題研究会の座長に

「水道は行政であり、事業ではない。住民の意識の上に立って考え、実行していくのが、新しい時代に対応する公務員のあり方である」という確固たる信念のもと、水道界の論客として、事務・技術を問わず、歯に衣着せず発言してきた。山村勝美水道整備課長時代に、新進気鋭の若い水道人を集めた厚生省水道整備課の諮問機関的存在であった水道問題研究会座長を務めた。自由闊達な議論を集約しながら水道行政の方向性、特に広域化を推進する原動力となった。また、日水協の技術管理者協議会初代座長を務め、事業管理者に比べて立ち位置が不安定であった技術管理者に、技術的課題とその対応策を情報交換する現在の会議形式を提供した。

■水道現場の技術の向上に

水道利用者と一番身近に接する給水装置についても、寒冷地での構造・材質の標準化の他に、給水装置工事設計施工基準の作成、給水装置工事責任技術者並びに配管工の資格統一試験を実践し、現在の給水工事技術振興財団設立の流れを作ることとなった。

昭和53（1978）年に八戸市水道事業管理者を退任し、翌54（1979）年に日本ダクタイル鉄管協会東北支部長に就任した。配管工が我流で施工していること、事業体の設計技術者も基本がおろそかで、我流の先輩から見様見真似で技術を習得していることに驚き、教本を各種用意し、無料で技術説明会を始めたことが水道界から受け入れられ、現在に続いている。

かつて、田邊が水道全般にわたって主張してきたことが、実務的にそのまま継承されている。あるいは影響を受けながら進展して受け入れられているのは、水道は個別の分野からなるものの全体のシステムであるという事を認識し、事に当たっては水道使用者の目線で、一事業者の問題とするのではなく、水道界全体を俯瞰して適切な方針を示し、全体のバランスを取りながら動いたという事に他ならない。まさに将の将である。

病弱であるという自覚から、体調を乱さぬよう出張先に温泉があっても決して入らなかったが、日本酒は端正によくたしなんだ。後年、奥様を見舞って市民病院から出て来られた田邊さんに偶然お会いしたが、動揺したご様子は今まで見た事のないものであった。留守を預かる奥様へのお土産は、透明度が高く美しい輝きと澄んだ音色のクリスタルガラスが多かった。

平成17（2005）年9月逝去、享年86。水道を好きなようにやって人生を全うした。

（2016・5・26掲載、大久保勉）

36

汚濁原水と格闘し、浄水処理技術発展に寄与

小島 貞男　大正5(1916)年～平成24(2012)年

小島貞男は東京高等師範学校(現・筑波大学)理科第三部博物科卒業後、都立千歳中学校教諭となり、出征経験を経て、昭和21(1946)年から公衆衛生院(現・国立保健医療科学院)に勤務していた。

水道への第一歩は、衛生院時代に貯水池系原水のろ過池閉塞障害の問題解決について東京都水道局から依頼されたことによると聞く(21(1946)年11月)。水道水質界における専門分野はいわゆる「生物屋」で、著書、学会誌、ご逝去時の多くの追悼文などから、学術研究の素晴らしさやその発想の豊かさを十二分に窺い知ることができる(㈱日水コンホームページ『小島名誉顧問を偲んで』)。ここでは多摩川の水質汚濁が最も著しかった41(1966)年から東京都水道局を

退職する47（1972）年までの玉川浄水場（多摩川最下流で取水・粉末活性炭処理・日量約15万㎥・田園調布などに給水）での仕事ぶりと人柄を紹介することとした（単に、私が部下だった期間）。この間の出来事を端的に言うと、「汚濁原水との格闘、玉川浄水場の停止、おいしい水づくり」と言える。

多摩川の汚濁、即ち、玉川浄水場の原水汚濁は、毎年12月頃からアンモニア態窒素やＡＢＳが増え始め、アンモニア態窒素は10ｐｐｍを超え、ＡＢＳは５ｐｐｍにも達する。

当初、凝集剤は固形バンド（冬季はアルギン酸ソーダ併用）、粉末活性炭はＡＢＳの20倍量を注入（水分10％仕様の解袋作業はまるで煙突の中のよう）、前塩素はブレークポイント処理のため多量注入（１００ｐｐｍ超は当然、最大は３５０ｐｐｍ）で、浄水の残留塩素２・０〜２・５㎎／Ｌの確保は神業といえた（残塩の不検出が最も怖い）。その後に登場する低水温、低アルカリ、高濁度で効果的なＰＡＣ（凝集剤）は、昭和41（１９６６）年頃から繰り返し検討を重ね使用を開始するが、その間に指示を受けたジャーテストの数は並大抵ではなかった。

多摩川は毎週のように魚が浮上した。浅川（多摩川上流の支川）でのシアン事故時には、明け方、小島課長に同行し車で川を遡ると、当時のジャイアンツ球場付近で大きな鯉が至るところでくるくると円を描いて鼻上げ、さらにその上流部では両岸へ飛び上がっていた。原水や浄水の連絡管等がない当時、取水停止は考えられなかったが、水質課長判断で実施した。後日、取水停止が遅いとか、場内にシアンが取水されたなどの追及があったようである。

また、玉川浄水場の配水系ではカシンベック病の発生が多いと唱えるC大学T教授（この教授しかカシンベック病患者と判定できないという）や、その原因物質の分析者であるT大学H先生とのやりとりが幾度となくあった。後日、存在するとしていた物質は誤分析と判明し小さな記事で報じられたが、結果として、所長時代の玉川浄水場停止(45（1970）年9月)への引き金となった。取水停止後も種々の実験を重ね、急速ろ過池には粒状活性炭を敷いて再開を待つが、他水系で水量が確保されていたこともあって残念ながら再開とはならなかった。

その他、逸話としては軍隊時代の砲兵隊長としての迫力ある砲撃の掛け声を幾度か披露されたこと、写真撮影が趣味の1つで私もやっていたことからよく声を掛けられたこと、中近東へ出張の際、お土産として当時高価な「ジョニ黒」を持って来られて皆で少しずつ味わったこと、「あらいやくしまえ（新井薬師前）」を「あらいらっしゃいませ」と読んで「粋な駅名がある」と言われたこと、渋谷駅で一番前に並んでいて「確実に座れる」と思っていたら、押されて反対側のドアから押し出されたこと、鞄の中の「ヤモリ」に空気を入れてあげようと電車内で見ていたら隣の女性客が立って出て行ったことなど語り出すと切りがない。小島は結構出張が多く、職場にいても来客がひっきりなしで、部下として業務以外の話をする機会は恐れ多くてあまりなかったが、仕事を素早く片付け、即報告すると、とても喜ばれそれが励みになったことをよく覚えている。口癖は、「下水処理水はBOD20ppm、浄水処理はBOD5ppm以下が対象、BOD20ppmを5ppmにする技術を開発する必要がある。でき上がった水は安全で美味しくないといけない」であった。それには生物処理とオゾン処理が必要と考えていた。生物処理での課題は高濃度のアンモニアを処理するのに如何に酸素を供給するかで、散水ろ床、多段ろ過、横ろ過などを検討し、チューブ（ハニコーム）式接触酸化にたどり着いた。

年齢差のためか厳しさを感じとることはできなかったが、仕事へのひた向きさ1つをとっても水道水質界の「先生」と言える。平成23（2011）年10月18日、寄贈図書に対する日水協からの感謝状を持参した時の訪問が最後となったが、95歳の当人のかたわらには「一、気は長く　つとめはかたく　色うすく　食ほそうして　心ひろかれ」と天海僧正の養生訓が貼られていた。翌年3月、生涯現役を貫き天寿を全うした。

（2016・5・30掲載、西野二郎）

37 県庁水道行政における地震対策の先駆者

山下 眞一

昭和6（1931）年〜平成25（2013）年

山下眞一は、簡易水道の設計から水道の仕事に入り、静岡県衛生部や大井川広域水道企業団（以下「企業団」という）で水道行政や広域水道の建設管理等に従事、その間、海外技術協力にも先駆的に取り組んだ県庁の水道技術者である。

■スタートは埼水協

昭和6（1931）年石巻市に生まれ、父由雄（32（1957）年に㈱山下水道設計事務所を開設）が、戦前、満州の奉天市建設局に勤務したことから幼少期を奉天で過ごし、戦後、石巻に帰国。3・11の地震に伴う津波で石巻時代の親友5名が行方不明との報に接し、テレビを観ては涙を流していたとのこと。

　昭和30（1955）年3月、日本大学理工学部を卒業、職探しをしていた折り、父と満州時代に交流のあった田邊弘（当時厚生省水道課長、後に㈱日本水道コンサルタント社長）の紹介で埼玉県水道協会に入り、西原重義や今井栄の指導の下、横瀬村、騎西町、加須町、三郷町等の簡易水道の設計を手掛けた。その後、父の知り合いが、静岡県で簡易水道の普及指導に従事する人を探していたことから静岡県庁に転職した。

　静岡県での事績としては、簡易水道の普及から水道広域化まで手掛ける他、「水道の地震対策」にも先駆的に取り組む。

　静岡県（34（1959）年～平成3（1991）年、最後は企業団技監）では、簡易水道の普及促進や管理指導等に長年取り組んだ。設計の心得があるので、当時の県の水道係長クラスが受講していた国立公衆衛生院（現・国立保健医療科学院）の「衛生工学コース」は受講しないで、父に教わる他、独自に勉強し、市町村指導に従事した。簡易水道の普及促進時代に国の補助金獲得に尽力するとともに、造った施設が適切に管理されるよう指導することに努力した。お茶の産地、静岡県では、水道水に塩素を入れるとお茶がまずくなるという塩素アレルギーが根強く、指導してもなかなか徹底せず苦労したと聞いている。

昭和49（1974）、51（1976）、53（1978）年の伊豆半島地震を経験して、水道の災害復旧に奮闘、その経験や「大規模地震対策特別措置法」の制定を踏まえ、応急給水用ろ過装置の整備、配水池の耐震診断（プログラム作成を含む）、緊急遮断弁設置等への県費補助制度創設などの「水道の地震対策」を総務部と協力して策定・推進、県庁水道行政における地震対策の先駆者の役割を果たした。また、昭和52（1977）年の水道法改正を受けて、「静岡県水道整備基本構想（52（1977）年）」、それに続く「大井川地域広域的水道整備計画（54（1979）年）」を策定し、自ら計画を策定した企業団では若手技術者の育成指導や企業団の管理・運営に尽力した。平成2（1990）年2月の「水道の法律制定100周年記念式典」で厚生大臣賞を授与されている。

人材指導という点では、昭和53（1978）年～58（1983）年にかけて、厚生省の衛生工学系技官3名（横尾、竹本、早瀬）が静岡県衛生部に出向した折り、その指導等に関与、竹本和彦（後に環境省地球環境審議官）と携わった熱海沖の初島への海底送水管整備（55（1980）年7月竣工）は、思い出の仕事の1つである。

■海外技術協力にも先駆的に従事

こうした業務の合間の昭和50～54（1975～1979）年にかけて、厚生省の要請を受けてネパール国タンセンの水道の無償資金協力案件の事前調査及び工事監理に従事（短期専門家派遣）している。事前調査には、小林康彦（当時、水道環境部計画課課長補佐）らと従事、国王臨席のもとでの竣工式にも出席、ネパールからの研修生を自宅に招くなど（接待役は弟の康邦、現・㈱山下水道設計事務所社長）国際交流にも配意している。この他、企業団時代にアフリカのザンビア共和国地下水開発計画基本設計調査の団長（60（1985）年）、中国貴州省飲料水改善計画事前調査（63（1988）年）、同基本設計調査の団員として関与した。この時の団長は、かつて静岡県に出向し一緒に仕事をした横尾和伸（厚生省退職後、参議院議員）。

■簡水協での活動など

全国簡易水道協議会（以下、簡水協）の第3次水道制度委員会委員（昭和49（1974）年）や研修会講師、簡水協発刊の『簡易水道Q&A』やその新版（平成3（1991）年）にも共同執筆者として関与している。

3（1991）年3月静岡県退職後は、地元の㈱日本地理コンサルタントに入社（最終役職は常務取締役）。水道の設計業務等に従事していたが、奥さんが亡くなった1カ月後に後を追うように25（2016）年1月17日に逝去。享年82。

（2016・6・2掲載、鈴木繁）

38

行動力と先見性に優れた〝水道市長〟

西尾　武喜

大正14（1925）年〜平成18（2006）年

「春風深山」、春風の如く人と接し、深い山中で沈思黙考し自らを処する、水道局長、助役を経て第19代名古屋市長（昭和60（1985）年から平成9（1997）年）となった西尾武喜が好んだ言葉である。

大正14（1925）年1月岐阜県中津川市で生を受ける。祖父は旧阿木村長、父も中津川市長。地元を離れ旧岐阜二中、旧制高知高校を経て京都帝国大学工学部土木工学科を昭和24（1949）年卒業、同年名古屋市役所入庁。戦災復興事業など都市計画を希望するも水道局拡張課に配属される。局長は杉戸清・元名古屋市長。

1、独特のリーダーシップ

昭和31（1956）年、戦前からの「名古屋軍団」の一員として四日市市水道課の工事設計を担当。係長として伊勢湾台風を迎えた。

■伊勢湾台風

昭和34（1959）年9月伊勢湾台風襲来、人に替わって宿直。台風直後は大災害と思わず、翌朝に夜通し揺すられて脳震盪を起こしたスズメと銀杏を拾いにいく。その後、大災害の留守部隊の隊長として、跡片付けで疲れた職員を「スズメと銀杏を差し入れてある飲み屋へ連れていって慰労した」（『感激なき人生はうつろなり』水道産業新聞社刊）。独特なリーダーシップは新潟地震の応援でも。

■新潟地震

新潟市の日本水道協会（以下、日水協）中部地方支部加入の翌年であった昭和39（1964）年の新潟地震では、救援隊長として地震発生6日後に現地入りし事務所の廊下で寝泊まりしながら積極的に支援、疲れた隊員には同様の慰労。施設課長であった。当時の若杉水道局長が後に新潟市長になり、西尾の市長選の度に来名し「大変お世話になった」との応援演説。この関係はその後も受け継がれている。

■下水工務課長

昭和40（1965）年初めて下水道に移った時には、下水道の職員に経験では勝てない、理論で勝とうと毎晩居酒屋通いの後、深夜から英語の最新技術論文を必死で読む。学ぶ真剣さとともに酒豪ぶりにも驚かされる。

2、政策形成と活発な議論

また、西尾はわが国の水道事業のための政策形成と活発な議論を大いに行った。以下その例である。

■渇水対策

1回行うと使用水量は元に戻らない渇水対策。「市民も迷惑だし、水道局も信用を落とした上に収入も減る。渇水対策をやるようでは市民に対して責任を果たしていない」水道事業者として水源確保は必至であり、それだけの覚悟が必須であることを訴えた。

■流域下水道問題

水源を良くする努力をしないで、水道技術で何とかするというのは水道技術者のうぬぼれ、との考えのもと、水源の上流に位置する岐阜県の流域下水道計画に対して名古屋市民の不安を解消できずとの反対意見。議論を積み重ね、高度処理計画を要求後に了解、無事着工し平成3（1991）年供用開始。その後、高度処理も実施され、木曽川の水質並びに水量の改善が見られた。この間の活動を見聞した橋本龍太郎総理大臣に気に入られ、世界水フォーラムの委員を要請される。蛇足であるが、橋本総理大臣は市長室へ来訪したことがあるが、総理大臣の市長室訪問は最初で最後の出来事であろう。

■歴史に残る市職員表彰の謝辞

局長時代30年勤務で市から表彰される。受賞者代表での謝辞、20年も前のことであるが伊勢湾台風の後始末で職員は死に物狂いで頑張ったのに、その年の表彰式をやめてしまったことに抗議して、ひな壇の本山市長に向け、延々1時間以上、相当痛烈な幹部批判を行った。

この他、技術や経営についての多くの論戦に臨み、夜も徹するほどの勢いで日水協や事業体の将来について大いに議論した。

■うまい水研究会と水道協会

また先見性にも優れていた。国の研究会より5年早く昭和54（1979）年に「うまい水研究会」を立ち上げ、管の改良による赤水対策を進めるなど、建設の時代から維持管理の時代への転換を逸早く実証した。

日水協では中小規模水道問題懇談会の設立や中部地方支部において独自の懇談会を設けるなど、とりわけ小規模の事業体のために大いに尽力した。

3、名古屋市長時代

平成8（1996）年6月には日本下水道協会9代目の会長に就任。調査審議機関として「下水道懇談会」を立ち上げ、「水循環における下水道はいかにあるべきか」についての審議が行われた。その仕掛け人が西尾であった。

その後、市長退任後は、名古屋市における都市計画の拠点である都市センターの理事長を17（2005）年まで務め、長い混濁の末、18（2006）年8月29日に他界。享年81。最後まで「忍」であった。

（2016・6・6掲載、山田雅雄）

39 夢のダクタイル鉄管の開発に

宮岡　正　大正11（1922）年～平成22（2010）年

日本のダクタイル鉄管の生みの親の一人でもある宮岡正の水道事業への関わりは、昭和26（1951）年に始まった。

当時、京都帝国大学工学部を卒業後、森田研究室から請われて、㈱久保田鉄工所（現・㈱クボタ）に新設された鉄管研究部に移った。発明されて間もない夢の鋳鉄と言われた強さと粘りを持ったダクタイル鋳鉄で水道管を開発するという壮大な夢に技術陣の中核として携わった。従来の実績のある鋳鉄管のすべてをダクタイル管に変えるという事であるから、その開発は社運を賭けたものであると言っても過言ではなかった。

私も先輩の直属の部下として途中から参加し、その後も長く背を見ながら歩き、仕事を通じて実地に多くの事を学んできた。繰り返しの実験では相当の歳月が掛かり、幾多の困難や障害もあった。それに屈することなく、日々、研究を続けるその姿は研究者としての強いプライドを強く感じさせられたものである。開発して最初のダクタイル管を全部納入し終えた時、自らの成果はさておき、「前例や実績のない物は採用されないのが慣習である時にあって、当該ユーザーが先見性と勇気を持って採用を決断されたからこそ、開発が成功したのだ。この事を努々（ゆめゆめ）忘れる勿れ」と言われたことを当時耳にし、今でも心に刻まれている教えである。

「初めての新しい製品を採用する」事業体への感謝の気持ちは、ダクタイル鉄管を初採用した現在の阪神水道企業団の「勇気ある決断」という言葉で宮岡の著書にも示されている。

当時の水道の普及率はまだ30％台であり、各都市とも積極的な水道管路拡張の計画があり、水道事業でダクタイル鉄管が受け入れられれば、大きく伸びる環境でもあった。その後、幾多の改善も実施し、採用実績も増えてきて、日本水道協会（以下、日水協）規格が制定され、その後ＪＩＳになった。

これにより、益々採用に拍車が掛かり、ダクタイル鉄管の生産量の増加に比例して水道普及率も向上するという好循環がもたらされた。日水協規格制定の10年後には普及率は80％台となったのである。まさしく、ダクタイル鉄管が水道管の主力管種となったのである。

このダクタイル鉄管の普及が、後の強度と伸縮性及び離脱阻止力を併せ持った耐震管を生み出し、世界に誇れる水道事業の礎を作ったものと実感している。また、宮岡は鉄管研究部長、鉄管事業部長を歴任し、常務取締役、専務取締役として、社内で広い範囲を管轄する立場になっても、ダクタイル鉄管の更なる普及に向けて諸施策を実施すると共に、㈱クボタの発展の背景となった水道事業への感謝の気持ちを持ち続けた人物であった。

㈱クボタの創立100周年に当たって企画されたアクアカルチャー基金の創設は、まさしく、この気持ちから作られたものであり、宮岡らしいものであると感じられた。これは、水道界の発展のためにと、毎年フォーラムを開催し、水に関する講演会を実施すること、大学の水関係の研究生に奨学金を付与しようというものである。講演には、多岐の分野にわたる講師が登場され、非常にユニークなものであった。

その講師の方々含め、ダクタイル鋳鉄発明者のミルス氏、東京大学名誉教授で土木学会の耐震工学委員長でもあった久保先生はじめ、国内外で培われた人脈にも、驚かされるものがあった。これは、宮岡が㈱クボタを代表する技術者であったとともに、その人柄で、仕事で知り合った多くの人を魅了する稀有の人であったからだと言える。

平成22（2010）年12月25日に88歳で天寿を全うした。「クボタの賢人」と評された宮岡を惜しむ水道界の声は、今後も絶えない。

（2016・6・20掲載、本間敬三）

40 戦中戦後、物資・労力・資金不足の横浜水道拡張工事を指揮

國富　忠寛

明治35（1902）年～昭和42（1967）年

國富忠寛は明治35（1902）年岡山市に生まれた。大正15（1926）年京都帝国大学工学部土木科を卒業し、直ちに横浜市水道局に奉職。

昭和2（1927）年、技師となり、第3回拡張工事計画の作成に携わることになった。だが水源措置が神奈川県の相模川河水統制事業のため二転、三転し、苦難の連続だった。

同5（1930）年、工事課第二工区長として、導水管工事を担当。工事費節減のため日本最初の電気溶接鋼管を布設した。また同時に内径1100㎜鋳鉄管（大島～川井間）をも埋設している。

7（1932）年、工事課設計係主任に転任し、相模川から受水するた

めの大島臨時揚水設備と導水加圧ポンプ設備、及び市域拡大に伴う鶴見配水地などの計画設計を行った。

12（1937）年、工務課拡張係長に昇任。拡張工事全般を指導することになった。そして日中戦争下の資材難に対処し、導水管として大口径遠心力鉄筋コンクリート管（呼び径800㎜城山隧道内）を初めて試用した。

14（1939）年、拡張課長に昇格、給水人口100万人を目途とした第4回拡張工事の実施に当たった。だがその間は日中戦争のみならず米英なども開戦し、物資と労力は軍需優先となり、工事の施行は困難を極めた。かかる状況下で國富は工事の指揮推進に心血を注いだ。

20（1945）年5月、横浜は大空襲を受け市内は灰燼と帰し、水道施設は壊滅的打撃を受けた。拡張工事は中止せざるを得ないこととなったのである。

國富が浄水課長の命を受けたのは、空襲から2カ月後の7月である。翌8月終戦。横浜市は連合軍アメリカ第8軍の基地となり、市内中枢部が広範にわたって接収された。戦災後の1年余りは漏水防止に掛かり切りであった。だがその一方、疎開先から戻る市民が増え、加えて進駐軍から完全給水の指令が発せられた。

國富は、1施設の復旧と漏水防止、2完全給水の普及による市民生活の保全、3進駐軍給水の確保——の基本方針を立てた。その間にも進駐軍からは矢継ぎ早に施設増設等の具体的な指令が発せられた。しかし指定期限内の完遂には、戦後の物資、労力、そして資金欠乏のため至難なことであった。

21（1946）年になると、進駐軍は4拡の一部再開を指令してきた。その最中に國富は工務部長に任ぜられ、工事担当の責任者となり昼夜兼行の努力を行った。加えて進駐軍との難しい交渉も國富が自ら引き受け、進駐軍当局に足繁く通い問題を解決している。

22（1947）年、國富は局長に就任。4拡を本格的に再開することを決定した。以来4拡を進展させ、29（1954）年、すべての工事を完成させるに至った。その結果、従来加圧ポンプ依存の不安定かつ不経済な状況が、自然流下に改められて解消したのである。さらに工業地帯の鶴見、そして金沢、戸塚と港北方面に配水管を増設し、増大する水需要に応えた。

27（1952）年には、工場関係者の要請に応じて工業用水道建設の計画を立案し、32（1957）年に起工するに至った。

33（1958）年日本水道協会（以下、日水協）理事長に推薦され、横浜市水道局長の職を退いた。

38（1963）年、日水協は、下水道関係者による日本下水道協会の分離運動に直面。國富は辛労の末何とか決着を見たものの、これを契機に辞任して㈱日本水道コンサルタント会長に迎えられた。

42（1967）年永眠、享年65。勲四等旭日小綬章を受章。

酒をたしなみスポーツを楽しむ洒脱な人だった。

（2016・8・18掲載、神林智博）

41 日本で最初に高速接触沈殿池を採用した人情に厚いアイデアマン

井深　功

明治39(1906)年~昭和56(1981)年

井深功は明治39（1906）年に長野県で生まれた。昭和6（1931）年東京帝国大学工学部土木工学科を卒業し、横浜市に就職。水道局拡張課に配属となった。

最初の仕事は鶴見配水池の設計である。次いで大島臨時揚水設備工事の現場監督を命じられた。その折りには労務者の適切な作業量を知るために、土工、型枠工、鉄筋コンクリートの打設、左官などあらゆる職種を自ら体験している。

16（1941）年から22（1947）年まで応召を受け、マレー作戦に参加。その際戦禍を受けたシンガポール水道を復旧した功績は広く知られている。

復員後、拡張課長として取り組んだのは戦時中に中断していた第4回拡張工事の再開である。人口増加と進駐軍の給水命令もあり、速やかに完成しなければならなかった。既設の導水路は、横浜水道創設以来拡張毎に路線を拡大しつつ鉄管を布設してきた。だが戦後は鉄材が不足しており、如何にして鉄管を使わないようにするかが問題であった。考えたのは鉄筋コンクリート製の開渠築造である。その新規路線には用地買収が容易な川井と鶴ヶ峰間の丘陵7㎞を選んだ。また開渠は将来の水需要増加を見越してできるだけ余裕のある構造としている。路線の途中2カ所の谷間に架けた水道橋はアメリカの技術専門誌にも掲載された。

また井深の創案した施設に相模原の貯水式沈殿池がある。しかし漏水が生じ防水対策に苦慮している。

5拡は計画給水人口120万人を目途に31（1956）年から36（1961）年までの工期で完成。その間昭和33（1958）年には渇水に見舞われた。給水不足を解消するために35（1960）年に鶴ヶ峰浄水場を計画。当初の浄水計画量は1日2万㎥だったが、翌36（1961）年には給水量が約12万㎥も急増したので急遽10万7000㎥に改訂された。

しかし建設用地は追加買収ができずそのままであった。狭い用地に施設を設けるために、沈殿池は日本最初の高速接触沈殿池を採用し、ろ過池を配水池の上に設けて2階建てとし、集中管理方式を採用した。その他隧道式配水池工事と大口径プレストレストコンクリート鋼管の採用も行った。これらはみな井深の発想に基づくものであった。

昭和35（1960）年になると配水施設整備事業にも起債が認められるようになった。それまで導水路線に力を注いでいたが、市内の配水施設も整備することにしたのである。水道局はもちろん、業者にも応援を頼み、工事を行った。局長自らウインチを回したとの話もある。

工業用水道が給水開始したのは35（1960）年である。水源は西谷浄水場の急速ろ過池の洗浄廃水を再生利用した。また送水管にはプレストレストコンクリート管を積極的に採用している。37（1962）年、井深は技術力を買われて日本工業用水協会の副会長に就き活躍した。

昭和36（1961）年から計画給水人口138万人を目途として6拡が始まった。水源はそれまで定説だった相模川上流取水を、井深が主張する下流の馬入川に変更したのである。これには神奈川県と長い間協議をしなければならなかった。下流取水の骨子は後の酒匂川と宮ヶ瀬ダムにも受け継がれている。それによって39（1964）年のオリンピック渇水の時も、市民に迷惑をかけずに済んだのである。

39（1964）年水道局を退職。日本鋼管㈱（現・JFEグループ）に招聘され、鉄鋼業界をまとめて日本水道鋼管協会設立に力を注いだ。自ら率先して鋼管の営業に努めるとともに、水道協会誌などを通じて鋼管の知識を水道界に広めた。

ちなみに井深は工学博士号を取得し、東北大学工学部と関東学院大学で教鞭を執ったことがある。

56（1981）年逝去、享年75。勲三等瑞宝章を授与されている。
井深はアイデアマンであり、また人情に厚く強い信念の持ち主であった。

（2016・8・22掲載、神林智博）

42 久保路線を継承し、下水道事業を安定基盤に乗せた

井前　勝人

大正14（1925）年～平成6（1994）年

■久保路線を継承した2代目部長

井前の人生は、久保が先陣を切って軌道に乗せた下水道事業をさらに発展させ、後輩に引き継いだ苦労に満ちたものだった。久保赳は、昭和33（1958）年水行政3分割で二元化された下水道事業を立て直し、興隆の道を拓いた、いわば創業者であった。井前は、34（1959）年に厚生省より建設省に移り、以後下水道事業の発展に貢献した。行動的なリーダー久保を支え続け、建設の時代から維持管理の時代への橋渡しを進めた。その成果が工場排水対策等の弱点を是正した

51（1976）年下水道法改正で、その後も維持管理体制の構築に力を尽くした。

■肥後モッコスの誕生と水への関わり

大正14（1925）年熊本県玉名郡菊水町（現・和水町）の水に生を受けた。温厚ではあるが頑固な性格は肥後モッコスの流れである。建設省下水道部長を退職後、佐賀大学で教鞭を執ったのも、強い希望を通したものと聞いている。

高校はバンカラで有名な佐賀高校で、井前の体質に合った。母校の寮祭にはほぼ皆勤、寮歌を放吟した。大学はグライダー部がある九州帝国大学土木工学科を選んだ。大空に思いを馳せた学生であった。同期には3代目下水道部長となる遠山啓、1年後輩には厚生省の水道環境部長となる国川健二がいた。この3人は仲が良かった。遠山が寮で病気に倒れた時、井前と国川がリアカーで九大病院まで運んだという。井前は、九大卒業後厚生省に入省した。北九州市に出向し、遠賀川水源拡張工事に従事して水道技術を磨いた。

■厚生省から建設省への転進

昭和13（1938）年内務省から衛生局が独立し、厚生省が誕生した。これが上下水道行政混乱の始まりとなった。戦後、建設、厚生両省に水道課が設置され、主に技術管理は建設省が、事務管理は厚生省が所掌した。関係者は、当時一致して上下水道行政全体の一元化を望んだ。32（1957）年の水道行政3分割により、上水道行政は厚生省に一元化された。ところが、下水道行政は建設省と厚生省に二元化された。このため多くの水道技術者が失望して建設省を去った。建設省には内務省採用の岩井四郎、寺島重雄がいたが、その他は久保赳をはじめ他部門からの転入組であった。寺島は、後を埋めるため、大都市、県庁、住宅公団、大学等全国を駆け巡った。この中に遠山啓と玉木勉がいた。2人は、後に下水道部長になった。

井前が何故建設省に転身したのか、本人は、「寺島さんが熱心に誘ってくれた」と言っていた。私は、国川への配慮があったと推測する。「お前は水道で頑張れ、俺は新天地を切り開く」という思いである。後年の著書『蒼い水』を開くと、水循環の観点から上下水道一元化の思想があり、この頃から水道と下水道の両技術を極めようとの意思があったのだろう。

■思い出の仕事

井前は、思い出の仕事として利根導水路事業と寝屋川流域下水道事業を挙げている。水資源開発公団に出向し、東京都の水不足解消のため、利根川の水を荒川に導入する事業に従事したことは水道技術者として感慨深かったのだろう。下水道行政一元化の理由の1つが河川の水質改善を下水道の主目的とすることであった。そこで、河川流域単位に下水道整備を行うことができる流域下水道が注目された。井前は、流域下水道第1号となる寝屋川流域下水道組合の現場に従事、事業を軌道に乗せ、その後大阪府下水道課長に就任して府直営事業にした。こうして、流域下水道事業を基盤に据えたのである。

■家族への思いやり

佐賀大を定年退職後、井前夫人の昭は筋萎縮症という難病を患った。井前は、その介護に専念するため千葉市原の自宅に戻った。こうして、孫が誕生し、家族が集う幸せが暫し訪れた。しかし、介護の甲斐なく、夫人は62歳でこの世を去った。最期には水も飲めなくなった夫人に口移しで水を与えたとも聞いている。井前の妻を想う気持ちが伝わってくる。井前は、それから6年後、妻の後を追った。晩年は、頑固さも消え、穏やかな生活だったという。享年69。

（2016・9・12掲載、松井大悟）

43 おおらかな人柄で多様な組織統合を実現し、事業発展をリードし続けた

遠山　啓

大正14（1925）年〜平成20（2008）年

■大陸的性格

遠山啓は、大正14（1925）年10月台湾の淡水に生まれ、台北帝国大学に進学した。在学中に終戦を迎え日本に移住した。学生時代、近所にいた李登輝少年、後の台湾総統の家庭教師をした。後日総統を表敬訪問した時、ホテルから白バイで先導された話は有名である。台湾には多くの知人、親友がおり、幾つかの都市の下水道計画にも関与した。彼の茫洋としたおおらかな人柄は、台湾育ちが育んだと思われる。この性格は、後年荒川左岸下水道組合や下水道事業センター（以

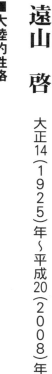

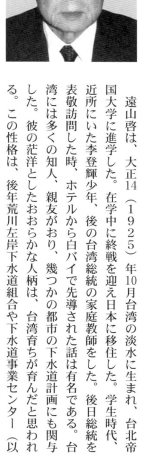

下「センター」という）を立ち上げ、まとめる等複雑な組織を統合するとき役立った。

■学究生活から下水道行政へ

帰国後、九州大学に移籍した遠山は、結核療養を余儀なくされた。このため同期の井前（2代目の下水道部長）より3年遅れ、昭和26（1951）年土木工学科を卒業し、教官として残った。この選択は、結核の既往症への危惧と、同期生は既に実社会で活躍しており、新たな分野を模索していたことによるものと思われる。32（1957）年水道行政3分割により、建設省から技官の転出が相次いだ。そこで、建設省は技術者を補充するため、全国から技術者を集めた。遠山も新分野を求めて、34（1959）年九大より建設省下水道課に転出した。こうして下水道人としてスタートを切った。

■初の現場体験、非開削事業の出発点

大学卒業後、学究生活や科学技術庁出向等行政経験を積み、さらに昭和41（1966）年、初の現場埼玉県荒川左岸流域下水道組合に工務部長として出向した。遠山は、下水道管工事においてシールド工法、大口径管長距離推進工法等の新技術を積極的に採用した。中でも泥水式による呼び径2600㎜の下水管の布設工事の成功は、推進工法の今日の発展に繋がったと評価されている。この経験は、彼がそ

の後の日本、さらに世界の非開削技術をリードする大きな財産となった。

■下水道事業センターでの苦労

昭和47（1972）年に設立されたセンターへ技術部長として出向し、全国の市町村の下水処理場建設に直接関与した。当時は、下水道事業への投資が急増したが、下水道技術者の数は限られており、先進都市より人材をセンターに集め、各都市の事業を行う仕組みは効率的であった。しかし、人集めには、大変な苦労を要したのである。さらに微妙に異なる大都市の技術基準を全国基準として統一していくことも大変であった。センターは、2年後に日本下水道事業団へと改組され、業務を全国的に拡大することになる。

■3代目下水道部長

遠山は、昭和50（1975）年公共下水道課長として建設省下水道部に復帰し、54（1979）年からは井前の後を追って3代目下水道部長に就任した。遠山は、井前路線を継承し、さらに事業規模の拡大に努めた。このため、下水道普及率は急速に向上し、国家の基盤的社会施設となった。世界でも類例を見ない短期間の下水道投資の時代を達成したのだった。こうして、下水道事業は、ナショナル・ミニマムとして国民的な基盤を持つに至った。

■非開削技術への貢献

建設省退官後は、非開削事業の発展に貢献。非開削技術発展には各方面の技術を結集する必要があると考え、日本下水道管渠推進技術協会（現・日本推進技術協会）を昭和63（1988）年に設立した。また、平成元（1989）年には、地下開削技術を網羅する日本非開削技術協会を組織し、初代理事長として下水道の他、電気、通信、ガス等における非開削技術の統合を図り、アジアや欧州等諸外国との技術交流を積極的に推進した。また世界非開削技術協会（以下、ＩＳＴＴ）の理事として、世界の非開削技術の交流を進め、日本の技術を世界に紹介した。２（1990）年、大阪市でＩＳＴＴ展示会を開催し、12（2000）年にはアジア人初のＩＳＴＴ総裁に就任した。遠山の功績に対し、平成10（1998）年、勲三等旭日中綬賞が授与された。受賞の当日、受賞者を代表して、天皇陛下に御礼を申し上げる大役を果たした。20（2008）年８月19日逝去、享年82。

（2016・9・19掲載、松井大悟）

44 上下水道急伸時代を支えたコンサルタント界のパイオニア

亀田　素

明治31(1898)年～平成3(1991)年

■逸早く水コンサルタントを創設

昭和33（1958）年新下水道法が成立し、翌34（1959）年に東京オリンピックの招聘が決まるやわが国の下水道事業はがぜん活況を呈し始めた。35（1960）年、建設省から「建設・設計の分離」通達が出されると、亀田素は戦後自ら創設した川崎建設の設計部門を独立させ、㈱東京設計事務所を立ち上げ、社長に就任した。それまで上下水道の設計・施工は官側が直営で行ってきたが、急速に事業量が伸び始めるや技術者不足は深刻化した。コンサルタント会社の立ち上

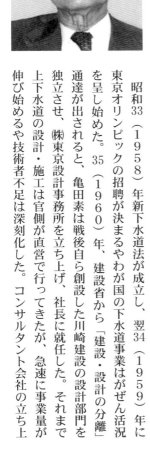

げはこのことを予見した実に素早い決断であった。

亀田は明治31（1898）年佐賀市に生まれ、京都帝国大学土木工学科を卒業後、大正14（1925）年、東京市（都）に奉職した。当初は土木局下水課で震災復興事業に従事した。昭和5（1930）年水道局に移り、和田堀給水所の設計・施工や小河内ダムの建設に携わった。12（1937）年には欧米出張を命ぜられ、米国グランドクーリーダムの建設現場に滞在した。ここでは最新の建設機械や、資材、工法などを学ぶことができた。しかし、亀田は、当時日本にはまだ存在しなかった米国でのコンサルタントの存在に気付き、その役割についてつぶさに観察してきた。この経験により、亀田は日本でもコンサルタントが根付くパイオニア的役割を果たすことになったのである。

■青島での経験

昭和14（1939）年海軍の重要基地となった中国の青島は、港湾施設の整備や人口増に水道設備が追い付いていなかった。海軍は急遽水道を整備すべく調査を行った。この調査に当たったのは、東京、名古屋で下水道計画に携わった茂庭忠次郎であった。事業の実施は官民で設立した「青島水道㈱」が当たることになった。茂庭は14（1939）年東京市を依願退職していた亀田に白羽の矢を当て、技師長として青島に派遣した。

青島水道は順調に建設が進み、17（1942）年に完成を見た。亀田は引き続き事業運営に携わり、そこで終戦を迎えた。業務引き継ぎのため、亀田一家は引き揚げることができなかった。亀田の語学力と人柄が幸いしたのであろう。駐留してきた米軍将校たちも亀田家を私的に訪問するなど、あの混乱の中でそれほど苦労した思いはなかったと㈱東京設計事務所現社長で長男の亀田宏は語っている。

■技術をもって社会に貢献する

引き揚げてきた亀田は昭和21（1946）年、川崎製作所を設立した。25（1950）年には建設と地質調査を分離独立させ、上下水道建設を川崎建設㈱が担うことにし、34（1959）年までに、全国112カ所で建設を行った。そして、35（1960）年に上下水道を主とするコンサルタント会社「㈱東京設計事務所」を立ち上げた。社是を「誠実に奉仕し、良い作品を残し、技術者を育てる」とし、「技術をもって社会に貢献する」ことを最大の目標にした。ここに亀田の経営理念が集約されている。

また、全国上下水道コンサルタント協会においても、経営基盤の安定化を図るためにイノベーションの実施と人材育成の重要性を常に訴えていた。また、官側に対しても業務の定量化を要望するなど、コンサルタント業界全体のレベルアップと発展に力を尽くした。

岳父茂庭忠次郎、亀田素、長男の亀田宏と3代に繋がる亀田一家は共に最初は東京市に入って技術を磨き、やがて民に出て社会に貢献したという点において見事に一致している。しかも3人とも徹底して技術者としての道をまっしぐらに歩んできたことも同じDNAを持っているということであろうか。昭和30年代から現在に至るまで、日本の上下水道、中でも下水道が驚異的に普及した時代、それを支えたコンサルタント業界で亀田素の果たした役割は計り知れないものがある。

亀田は国内多くの都市のみならず、海外にも進出し、自ら創設した事務所をグローバル企業へと育て上げた。その先見性と実行力で国内外の上下水道界に数々の業績を残し、平成3（1991）年8月逝去、享年93。

（2016・12・1掲載、谷口尚弘）

45 常に新技術を注視し、経済性をも重視した根っからの水道人

岡本　成之

昭和2（1927）年～平成22（2010）年

■施設拡張の時代

岡本成之は昭和2（1927）年10月、札幌市で生まれた。26（1951）年3月北海道大学工学部を卒業。札幌市水道部（現在局）に就職した。担当した藻岩第二浄水場の新設で力を入れたのが浄水施設管理の省力化だった。計装設備でデータを集めての集中管理。プログラム洗浄方式による管理室からの洗浄操作等によりそれを実現した。当時浄水場の近代化では川崎市水道の長沢浄水場が先端的だったが中規模浄水場では初めての試みで、岡本の業績である。岡本は同水道の

坂根稟一郎と親交があり、後に坂根を札幌に招き職員への講義をお願いしている。

42（1967）年、豊平峡ダムの建設が始まった。この水源をもとに施設を新設する拡張事業が計画された。用地買収で苦労したが、取水・浄水施設の場所は多目的で水を利用する条件下では、これ以上の標高は望めない高さの豊平川沿いの白川地点に決まった。需用地に近い配水池へ、さらに配水管網へと自然流下で送・配水できる位置だ。落差を利用した一種の省エネシステムだ。この頃、岡本は計画課長から拡張部長にかけての職で、技術面での重要事項に係わるキーパーソンだった。

白川浄水場の設計では藻岩での考えを進展させ「技術の進歩と経済性の調和」をテーマに分散型制御計算機を用いたDDC方式による運転管理を実現させている。岡本は事業毎に必ずテーマを掲げて職員の事業への理解と参加意識を高めた。

■技術移転

昭和45（1970）年、厚生省の山村勝美（後の水道環境部長）の下、パキスタンの首都ラホールの水道計画策定のため同国へ、48・49（1973・1974）年インドネシアの水道研修所へ、海外技術協力事業団（現・国際協力機構）の専門家として出張している。研修員の受け入れでは、63（1988）年、『水道技術者養成コースプログラム調査報告』をまとめ、この報告書がその後の研修の指針となった。岡本は長期滞在の研修員を休日に自宅に招いたり、職員の会食の席に招待するなどソフト面にも心配りしていた。技術移転について「単に技術の選択や運用の合理性を考えるだけでなく、その国が持つ歴史や風土に定着した文化に対して配慮する必要がある」と言っていた。

昭和56（1981）年、インドネシア国公共事業大臣特別表彰を受けている。

■藻岩浄水場水力発電所

昭和56（1981）年、岡本は水道事業管理者に就任した。

当時、老朽施設の改修が検討されていた。豊平川上流からトンネルで電力用水とともに送られた水を標高が高い地点で分岐取水し、段渠で減圧後、管路により自然流下で藻岩浄水場まで導水する施設だ。57（1982）年、札幌市で北方都市会議がありポートランドのダム取水での発電、ミュンヘンの発電に送水を利用するオベラウ計画の例が紹介された。これらを参考に、段渠を管路に替えて全体を1本の管路とし、藻岩浄水場に発電所を設け、落差を利用して発電する計画案がまとまり、岡本はその実施を決めた。水道以外の水使用の面で困難があったが、諸官庁の理解を得て施設は59（1984）年に完成した。場内使用電力のベースはこの電力となり、水道会計への寄与も少なくなかった。後に岡本は思い出の仕事の第一に挙げている。

■水道を愛し、幅広い造詣

昭和60（1985）年、岡本は水道局を退職した。退職後、日本ダクタイル鉄管協会顧問・北海道支部長を務めた。日本水道協会名誉会員で厚生大臣表彰を2回受けている。他に技術士で日本技術士会北海道支部長、土木学会名誉会員で北海道支部長を務めている。

平成22（2010）年2月、82歳で鬼籍に入った。

岡本は広い視野で新しい技術を常に見ていたが、経済性をも重視していた。技術移転では属する文化に配慮している。途上国での体験があったからだろう。音楽に造詣が深かったが、読書家でもあり同時に蔵書家だった。家改築の際、母家の床が抜けるといって別に書庫を設けたが、理由はわからないが湿気で困ると言っていた。

水道が好きな根っからの水道人だった。

（2016・12・8掲載、野島廣紀）

46 人を知り、人を活かす経営哲学——象牙の塔を超える上下水道界の巨人

板倉　誠

明治35（1902）年〜平成5（1993）年

■東京下町が育てた

板倉誠は、明治35（1902）年東京浅草に生まれ本所で育つ。大正15（1926）年東京帝国大学土木工学科卒、東京市下水課に奉職と自伝『日本下水道技術史余談』に述べている。この本の書き出しは「大学を出て溝さらい」の表題から始まっている。当時板倉が育った本所向島は草を抜いても水が湧く、夏の夕食時は蚊いぶしでもだめ、竿に袋をつけ蚊をすくい取ると回顧している。この環境が板倉に下水道の道を択ばせたのかも知れない。

板倉は18年間東京市の下水で多くの貴重な体験を積んだ。特に昭和5（1930）年から芝浦下水処理場の建設に、高橋甚也の下で計画、設計、工事等に従事し、多くの研鑽と経験を得た。また12（1937）年から3年間雨水ポンプ場の運転管理の経験から、流入雨水量の遅滞現象を見い出し、これを論文にまとめ「滞流式雨水流出量算定方法の研究」で東大より工学博士を授与される。その後広瀬孝六郎教授の退任後、3年間東大教授に就任した。

板倉は18（1943）年東京市を退職し、浅野工事㈱工事部長、戦後は日本ヒューム管㈱工事部長を歴任し、日本上下水道設計㈱（現・㈱ＮＪＳ）を設立した。このように役所、大学、建設会社、メーカー、コンサルタントと、下水道界の各分野で仕事をし、多くの足跡を残した。

■日本上下の創業―大きな目標と小さな私塾

板倉が残した最大の功績は、戦後の混乱期がようやく収まりかけた昭和26（1951）年に、わが国で最初に上下水道の設計業務を専門とする日本上下水道設計㈱を、堂々と名乗りを上げて設立したことであろう。目標はアメリカ・ボストンのメトカーフ・エディーコンサルタンツと大きかったが、現実は下水道技術者を育てる小さな私塾から始まった。

板倉は会社設立にあたり、社名は誰が見ても業務内容が分かるよう定め、社章は将来海外までと心に秘め、ＮＪＳを組み合わせて打てば響く「鼓」の形とし、真中に皆が力を合わすよう胴締めした素敵なものだった。

会社設立当初は、役所が設計業務を民間の会社に委託することが理解できず、仕事量も少なく、会社経営は非常に厳しかった。このような時でも板倉は〝人を育てる〟経営方針を貫き通した。しかし東京下町の職人の家に育った板倉は〝技術は盗め〟で直接教えることはしなかった。しかし人が育つのに大切な〝種〟は常に与えていた。

■共存共栄の道を拓く

昭和30年代に入り全国的に上下水道事業が動き出し、設計会社が各地に設立されるようになった。しかし新しい業種のため各社の経営は厳しかった。この改善のため各地区に協託会が設立され、さらにこれが組織化され全国上下水道コンサルタント協託会連合会（現・全国上下水道コンサルタント協会）が設立された。板倉はこの会長として経営改善に尽力した。

■社員を大事にする経営─利益先取り経営の哲学

板倉は常々「人として生まれてきたからには、他人と違う人生または仕事をしてみたい」と話していた。これを会社経営に取り入れたのが「利益先取り経営」である。この方式は、年度初めに全社員協託のもとで年間売上高を決定する。ここから会社の経常利益８％を先取りして残りで会社を運営する。この際事前に人件費枠、本社経費、研究開発費等は定めておく。かくて社員が業務を進める中で経費節減すれば、これを人件費と経常利益に分ける。この方式を社員に理解し実践してもらうための理論武装は、一般家庭の支出管理からヒントを得て構築した。

この世にも珍しい経営方式は、会社が株式を東証２部に上場するまでの約30年間続き、この間経常利益は常に８％を超え、会社経営基盤の確立に大きく貢献した。

板倉は昭和48（１９７３）年「社員を大事にしなさい」という言葉を残し、社長を退任し相談役となる。晩年こよなく酒と碁を愛す。享年91。

（２０１７・１・12掲載、西堀清六）

※おことわり　執筆者のご要望を踏まえ、当時の日本上下水道設計㈱（現・㈱ＮＪＳ）のロゴを掲載致しました。

47 技術と信用と資本の蓄積の基底となった〝人こそ資産〟の経営哲学

西堀　清六

大正12（1923）年～

■板倉社長に鍛えられ

西堀清六は、大正12（1923）年東京日本橋に生まれる。昭和24（1949）年東京大学土木学科卒。卒業に当たりコンクリート工学の泰斗の吉田徳次郎教授に相談した。先生は「赤門の前の電車通りにペンペン草が生えているが、いつの日か下水道を建設する時代がくる。その日のため下水道の勉強をするように」これで進路が決まった。

広瀬孝六郎教授の下、大学院に在学中の25（1950）年、東北大学土木工学科に赴任するが、27（1952）年退任し、板倉誠が設立した日本上下水設計㈱に入社する。以来2万日の水コンサルタントの歩みが始まる。この長い道程は社史『20000日の歩み』にまとめた。

会社は下水道技術者を育てる私塾として設けられ、その規模は小さく、6帖の和室に机4脚を並べる中、西堀は下水道技術の研鑽に励んだ。

32（1957）年九州戸畑に八幡製鉄㈱の大規模製鉄所建設に当たり、会社は水関連業務を一括受注した。使用水量1日100万㎥で非常に膨大。ここで板倉社長は「夜学の学生1人つけるから西堀君やってこい」。まず技術者集めから始め、事務所開設までに10数名集め、最終的に25名程度となった。しかし業務は繁忙を極め技術者増強の要請が続いた。かくて始業8時終業夜12時、実働16時間勤務として人員倍増計画が実現し、この難局を乗り切った。

■板倉経営哲学の継承・発展

西堀は入社以来10数年、自ら携わった多くの中小都市の下水道計画の業務経験を詳細に検討し、〝最良の手段はかならずしも最善の方法とはならない〟との観点から、『中小都市下水道築造事業の経済性の検討』の論文をまとめ、昭和38（1963）年東大より工学博士を授与される。

48（1973）年、西堀は板倉社長の後を受け社長に就任した。ここで前社長の〝人を育てる〟と〝利益先取り経営〟の方針を忠実に受け継ぐと同時に〝技術と信用と資本の蓄積〟を提案した。しかし当時の会社経営は非常に厳しく「利益なき繁忙」の状況が続く中、この業界の将来は必ず大きく成長すると確信し、社員と共に協力してこの会社を育ててゆこうと提案した。このような中で西堀は水コンサル業界の経営基盤の確立なくして、自社の経営の安定はないとの信念で全国上下水道コンサルタント協会の活動に協力し、56（1981）年から副会長を9年、会長を6年務め、業界の成長発展に貢献した。さらに平成11（1999）年、日本水道工業団体連合会の会長に就任し、上下水道事業の推進と発展に尽力した。

■自己研鑽が企業業績に直結

「人が最大の資産」であるコンサル企業にとり、人材育成は会社経営の最重点課題であった。そもそも人材育成の原点は社員の自己研鑽にあるが、この成果が最大となるよう会社は積極的に方策を提案した。こうして育った社員が技術と信用と資本の蓄積に貢献した。会社はさらに積極的に技術開発を進め、平成3（1991）年新宿富久町に自社ビルを建設し、技術本部がここで長年にわたり技術開発に貢献した。

西堀は海外業務にも積極的に取り組む。昭和51（1976）年に海外部を設け、マニラ事務所を設置して東南アジアを中心に業務拡大を図った。海外部はその後海外事業部となり、平成12（2000）年㈱エヌジェーエス・コンサルタンツとして独立した。海外業務に勤務するには技術と語学の外にProject managementの研鑽が必要となる中、会社と社員は地道に事業の成長と発展に努めた。

■新たな価値創出の時代に

西堀は在任中に自社株の上場を考えていた。その理由は、コンサルタントはメーカーや建設会社に対し、Independent and Impartialでなくてはならないのが世界の常識である。会社は創業以来関係企業から多くの支援をいただき、深く感謝してきたが、この世界の常識は頭の中から消え去ることがなかった。平成14（2002）年関係企業の理解のもと東証に上場できたことは、西堀と会社にとり最高の喜びであった。

西堀は会社の将来戦略として、Expanding the Boundariesを掲げ、新しい事業分野の拡大を目指した。業界は、長くて短かった建設時代からインフラマネジメント時代に移り始め、新しい価値の創出の時代を迎えている。16（2004）年西堀は社長を退任し、会長として社史の編纂に専念する。現在（30（2018）年）満95歳。

（2017・1・16掲載、西堀清六）

48 彗星のように現れ、日本下水道事業団の基礎を築き、突如逝った

関盛　吉雄

大正2（1913）年～昭和51（1976）年

■彗星のように

関盛は、彗星のように現れ下水道事業センター（以下「センター」という）の理事長に就任し、僅か4年余り光芒を放って逝った。しかし、関盛の業績は、今なお輝き、今後もその強さを増すだろう。関盛は、建設省（現・国交省）内では、「短身だが、大器量」の人として知られていた。私の知る当時の関盛は、丸顔で小太り、スキン・ヘッドのようで、いつも目が笑っていた。だが、起き上がり小法師のように決して倒れない不屈の空気が感じられた。

■手腕と包容力

関盛は、大正2（1913）年1月、富山県高岡市に生まれた。東京帝国大学大法学部を卒業し、昭和13（1938）年内務省に入った。関盛は、太平洋戦争の辛酸をなめた。茫洋とした風貌は、この辛酸に陶冶されたものであった。警視総監の秦野章が「時に豪胆、時に細心」と、仁侠の町奴飛田東山が「信義に生きた男」と評したことでも、その人物の大きさが分かる。

高岡市は「長谷川泰」を輩出した。長谷川は内務省衛生局長として下水道法（旧法）を制定した人物で、関盛はこの系譜に繋がる。関盛は、河川局次長、道路局次長を経て34（1959）年6月計画局長（後の都市局長）に就任した。第2代の下水道課長寺島重雄の上司として下水道事業の発展に共に奮闘した。

寺島が主導した第1次下水道財政研究委員会に名を連ね、下水道財政確立に努めた。関盛は、下水道事業の本質を知り尽くしていたのである。その後、住宅局長から首都圏整備委員会事務局長、阪神高速道路公団（現・阪神高速道路㈱）副理事長などを歴任し、筑波研究学園都市の建設や大阪万博を控えた阪神高速道路の整備に貢献した。こうして関盛の手腕と人間としての包容力は広く知られるところとなり、やがて運命は関盛をセンター理事長へと導いた。

■小さな組織、大きな抱負

関盛は、昭和47（1972）年11月1日、総員24名の職員に辞令を交付した。仕事は、人に尽きる。技術部長に遠山啓、受託工事課長に永田伸之、技術援助課長に武田篤夫が、研修部長に岩崎保久、研修指導課長に西田哲夫が、試験所長に杉木昭典が発令された。

いずれも一騎当千の強者だが、事業完遂の責任は関盛にある。関盛の思いは、咸臨丸の船長勝麟太郎のそれに似ていたろう。センター丸は小さいが、抱負は大きい。外洋に乗り出すには船員と資金が必要である。航海は、平穏とは言えない。設計コンサルタント業界も、日本下水道協会さえも疑心暗鬼に陥っていた。打ち出の小槌は存在しない。自ら動かない限り、何1つ得ることはできない。関盛は、久保赳と相談しつつ、ひたすら身を低くし、要衝の人々に協力を頼んで廻った。新居善太郎は、「身を殺して仁を成す」と評している。この姿が幹部職員の心を打たない訳がない。遠山は関盛に「親しみと厳しさ」を合わせ持つ姿を、岩崎は「先頭に立つ」理事長を、西田は「偉い親父」を見た。

かくして、職員数は、3年後の50（1975）年には436名にまで増加した。センターは、この年の8月1日、建設を主たる業務とする日本下水道事業団（以下「事業団」という）に改組拡充され、久保赳が計画担当理事に就任した。関盛は、初代理事長として基盤強化に邁進した。

■豪傑の滅私昇天

思いも及ばぬ運命が関盛に訪れた。昭和51（1976）年12月30日深夜、関盛は不吉な音で目覚めた。台所の石油ストーブが燃え上がっていた。関盛は、ストーブを毛布で包み、自らの身体で抱えて外へ運んだ。何たる豪胆か。関盛は、玄関でつまずき、飛び散った石油を全身に浴びて火だるまになった。だが、そのままストーブを道路中央まで運び、近所への類焼を食い止めた。関盛は、日赤医療センターに収容されたが、全身の火傷で翌日早朝逝去した。享年63であった。関盛は、同日従三位に叙せられ、勲二等旭日重光章を授けられた。翌年1月10日青山斎場で事業団葬がしめやかに営まれた。事業団は、吉兼三郎から久保赳へと引き継がれ、わが国の下水道事業の普及に巨歩を記した。そして今、関盛、吉兼、久保のレガシーは、時代の転換点に立って後に続く下水道人に新しい光彩を放っている。

（2017・1・30掲載、稲場紀久雄）

49

「物造りの理」に徹する…
夜空に道を尋ね、荒野を拓く求道者

堤　武　大正14（1925）年～

■『第1篇　我思う故に在り』

今回の略伝執筆に当たり、私は7項目の質問書を送った。暫くして丁寧な回答と併せて小冊子が届いた。冊子の標題は、『第1篇　我思う故に在り』で、昭和52（1977）年から平成21（2009）年までの約30年間に書かれた所感55編が項目別に編集されている。デカルトの至言を想起させるが、それとは少し異なる。堤は、「この冊子の中に私のすべてがある」と語っているように思われた。私は、この略伝を堤の回答とこの小冊子を念頭に書くことにした。

■生涯に出会った5人の求道者

知れば知るほど「堤は求道者である」と思わずにはいられない。堤は、「拘りの強い性格で（略）、第1の拘りは、キリスト信徒としての道を全うすること（略）、第2の拘りは、「物造りの理」に拘りつつ、施設設計一筋の道を歩いてきたこと」と書いている。まさに下水道分野を通じた求道者の姿である。

堤は、生涯5人の求道者に出会い、強い影響を受けた。海淵養之助、板倉誠、田邉弘、久保赳、萩原良巳の5氏、中でも久保とは共通点が多い。堤と久保は共にプロテスタントのクリスチャンであると同時に、海淵から技術の真髄を伝授された同門である。2人とも背が高く、物腰が柔らかで、その大きな翼の中にいるだけで安堵するという意味で、大きな包容力の人である。堤は、板倉と田邉からは技術や経営の真髄を学んだ。萩原は、異質である。後に京都大学防災研教授となったが、天才肌で、その言動は時に横紙破りとも思えた。堤は、この荒馬の才能を開花させ、事業に結びつけた。それは、求道者としての堤の心性が萩原のそれと共鳴した所産であったのだろう。

■母上への深い思い

堤は、大正14（1925）年10月愛媛県宇和島市に生まれた。その後父上の仕事の関係で大阪市を経て中学2年の時滋賀県大津市に転居する。堤は、旧制膳所中学、三高、京都帝国大学土木工学科へと進んだ。京大に入学した時、母上が逝去される。堤は、この時の思いを次のように綴っている。

「入学した時、お袋が50歳で亡くなるのです。(戦後の)食糧難が訪れ、その日暮しの生活苦が始まり、人々の心が荒んでいく中で、家庭の中心にいて苦労を一人で背負い、若くして亡くなりました（略）私の前に母が愛用していた古ぼけた聖書が残されていました（略）その本を手にして、母が通っていた教会の門を叩き(略)礼拝に出席するようになりました。」

母への深い思いが堤を信仰へと導いた。この意味で堤に最も大きな影響を与えた人は、他ならぬ母上であった。堤は、「座右の書は聖書で、聖書に目を通さない日はない」と言う。

■3年先の見通しを立てる企業力

私の畏友森下典昭（元㈱日水コン）は、堤の㈱日水コン社長就任（昭和60（1985）年）挨拶に感銘を受けたと言う。挨拶には「稲田元顧問の教えに〝3年先の見通しができるような企業力を身に付ける〟」という行がある。堤新社長は、このため「皆さんの息遣いが感じられるところで仕事をしていきたい」と社員に語り掛けた。堤という人は、そういう慈しみと厳しさを備えた人である。稲田の遺訓の実践は、非常に難しい。コンサルタント1人1人がクライアントの痛みを自らの痛みとする〝都市の医師〟でなければ、クライアントの要求を察知できない。企業は、職員が鋭い感性と創造力を持たない限り、確固たる企業力を常備できないのである。堤は、優れたコンサルタントの集団としての企業を目指したのである。

■都市が存在する限りニーズは不滅

堤は、「如何なる状況下であれ、常に研究すべきものを持ち合わす事の重要性が指摘されます」、「業務の掘り起こしに努めなければならないが、少し長期的な視点で方策を考えるべきです。古い施設の更新にこれまでと同じクライテリアを適用すれば、不経済になる。技術を型にはめず、常に向上を目指して努力してほしい」と言う。そこには91歳にして「物造りの理」に徹する求道者の目が活き活きと輝き、「自由に発想し、行動し、新しい時代を切り拓こう」と語る透徹した類まれな技術者の姿がある。

現在（平成30（２０１８）年）満93歳。

（２０１７・２・16掲載、稲場紀久雄）

50 理論家肌で企画力抜群の行政官は、衛生工学部門の森鷗外だった

小林　康彦

昭和12(1937)年～平成27(2015)年

小林康彦は昭和12（1937）年3月9日、松本市に生まれた。37（1962）年に東京大学土木工学科を卒業、卒論は徳平淳教授の指導の下での「多目的ダムのコストアロケーション」。同級生には地震工学の権威の片山恒雄がいる。横浜市水道局に就職した2年後（39（1964）年4月）に厚生省にスカウトされ水道課に入り、厚生省退職後も水道管路技術センター（現・水道技術研究センター）専務理事等永年にわたり水道行政等の推進に尽力した。

■水道行政の実務面の路線を布設（昭和39～52（1964～1977）年）

昭和40（1965）年に全国を網羅する『水道統計』、43（1968）年頃に日本水道工業団体連合会の「水道資材表」様式を各々作成し統計資料の確立を図った。昭和42（1967）年に創設の水道水源と広域化補助に係る「交付要綱」を原水単価や資本費の概念を導入して作成した。この頃、卒論の知見を活かし、多目的ダム建設費用負担の各省会議の折衝にあたる國川建二課長補佐を支えた。47（1972）年の沖縄の日本への復帰に当たりその対応・道筋を付けた他、環境庁での水質環境基準の設定に備え、水道サイドの意見を集約するべく海外の文献調査を行う等して水道原水基準の作成等を行った。

昭和45（1970）年9月から1年間、英国ロンドン大学に留学し、英国における「水道広域化」について研究、その成果を『水道協会雑誌』（47（1972）年7月号）に発表（有効賞受賞）した。これは、47（1972）年の水道広域化に係る答申や自ら法案作成等に当たった52（1977）年の水道法改正にも活かされ、わが国の水道広域化の道筋を定めた。広域化に関しては、厚生省で4地域のモデル調査（昭和50（1975）年）を行ったが、その内の1つの八戸圏域については、今日の水道広域化の契機となった。この他、技術係長時代に『浄水場排水処理の手引き（初版）』や『オゾン処理指針』を自ら作成し事業体指導に当たった。この間の活動は、國川建二と同じ時期であり、2人が中心となってわが国の水道行政を引っ張ったと言える。

■管理職時代の主な功績（昭和60～63（1985～1988）年、平成2～4（1990～1992）年）

他分野の行政に従事の後、昭和60（1985）年8月水道整備課長に就任し、流水占用料・水源税、それに続く森林河川緊急整備税対応に当たりその実現を阻止。61（1986）年には、通称・藤田委員会と言われる「水道の研究・技術開発に関する検討会」報告書を受けて、水道管路技術センターの設立（63（1988）年3月25日、以下「管路センター」という）に情熱を傾け実現させた。また、63（1988）年度の高度浄水処理施設整備への国庫補助の創設を機に、任意法人の浄水プロセス協会（平成8（1996）年管路センターと合併し、水道技術研究センター設立）の設立を指導、自身が部長の時期に社団化の認可をする他「ふれっしゅ水道計画」の推進を図っている。この間、橋本龍太郎議員を座長とする「水道問題研究会（昭和61（1986）年5月）」を立ち上げた。

■海外技術協力や国際会議など

昭和43（1968）年に海外技術協力事業団（現・国際協力機構）の最初の「上水道集団研修」の企画・運営に当たり、英文のテキストを故内藤幸穂らと作成。また、48（1973）年から3年間にわたるインドネシア水道研修所プロジェクトに派遣する短期専門家のリクルート等に国立公衆衛生院（現・国立保健医療科学院）と連携して従事した。これが60年代のタイ国での水道訓練センタープロジェクトに繋がった。また、自ら50年代にはネパールのタンセン市上水道整備計画調査団（水道分野での無償資金協力第1号）やエチオピア・アジスアベバの上下水道に関する調査団の団長を務め、この分野の先駆者の役目を果たした。その他、内藤らと52（１９７７）年の京都市での国際水道会議誘致に向けた事前活動、管路センター発足直後の第１回国際シンポジウムの企画・開催（63（１９８８）年）にも尽力した。厚生省退職後は、管路センター初の高圧給水実験プロジェクトの企画等に関与、全国給水衛生検査協会の会長や全国水道管内カメラ調査協会の技術顧問も務める他、バルトン生誕１５０年式典の訪英団の日本側代表を務めた。

■情報発信や文筆活動など

英国留学前後から海外の水道情報の紹介や日本の水道事情の発信を精力的に続け、前者は、『ローボー資料』や『ウォーターサイド21』に死の直前まで継続（41年間１８２回）、後者は水道産業新聞社から『Ｗａｔｅｒ　Ｊａｐａｎ』（日・英文）として発信、全国簡易水道協議会初の出版物『水道ハンドブック』の企画・執筆（昭和44（１９６９）年、全6巻）、『水道用語辞典（英和／和英、53（１９７８）

年)』、『水道入門(52(1977)年)』等を執筆・出版した。また、業界新聞や機関誌に節目毎に「小林康彦名の肩書きなしの問題提起」を行い水道界の活性化・啓発に努めた。その他、日本大学や埼玉大学、国立公衆衛生院での非常勤講師も務めた。

小林は、理論家肌で企画力抜群の行政官であった。物書きが趣味で、海外情報の発信や水道界への議論の素材の発信等、衛生工学部門の森鷗外的存在だったと言える。偉大な足跡を残し平成19(2007)年に瑞宝中綬章を授与され、27(2015)年8月15日に逝去、享年78。

記載しなかった廃棄物分野では、業界の設立指導(日本廃棄物コンサルタント協会)や通称・フェニックス法案の制定に尽力(その2年後、後遺症で胃を半分切除)。阪神・淡路大震災時に「ガレキの処理」に困らなかったのは、小林の功績であることを付記する。

(2017・5・1掲載、鈴木繁)

51 首都東京の安定給水と財政基盤の確立に尽力

船木 喜久郎

大正15（1926）年〜平成17（2005）年

船木喜久郎は、大正15（1926）年4月山梨県小菅村に生まれ、多摩川源流域で森林と清流の恵みを得て育った。昭和25（1950）年3月東京都水道局に入都。小河内貯水池建設事務所から始まり、営業所、水源林管理所を経て主計、総務の各要職を歴任、卓越した指導力をもって54（1979）年5月東京都公営企業管理者・水道局長に就任し、57（1982）年7月退職、翌58（1983）年10月日本水道協会（以下、日水協）専務理事に推挙され就任、平成元（1989）年11月退任した。

■東京水道躍進の時代に

舩木は、戦後の復興期から拡張期に厳しい水源事情と財政運営を長期的な視点に立ち、首都東京における水道事業を推進し、安定給水の確保と財政基盤の確立に尽力した。東京都水道局は、昭和30年代、高度経済成長による人口集中と水需要の急増に対応するため、新規水源開発と水道施設の拡張整備が急がれる中、37（1962）年、国により利根川水系における水資源開発基本計画（通称フルプラン）が策定された。東京水道は、これによって利根川に大きく水源を依存することになった。

50年代にかけ行われた矢木沢、下久保、草木ダム等及び利根川河口堰等の水源開発に沿って、37（1962）年の中川・江戸川系緊急拡張事業、38（1963）年以降の第1次から第4次の利根川水系拡張事業による金町、東村山浄水場の拡張及び朝霞、小作、三園各浄水場の新設並びに導送配水管の整備事業、40（1965）年には利根川と荒川を結ぶ武蔵水路の通水等を推進した。

これら水源開発及び拡張事業には膨大な建設投資資金を要し、それを支える財政運営は極めて切迫し、そのため都は水道料金の改定を余儀なくされ、36（1961）年から57（1982）年までに6回の料金改定を断行した。舩木はその間、主計課長、経営管理室長、次長、局長の職にあってこの危機的な財政を救うために料金改定に携わり、経営基盤の安定に尽力した。その言動は理論的で、かつ説得力があり、水道財政の現状及び将来について議会、マスコミ、市民団体など関係方面に強力かつ実直な人柄をもって訴え、賛意を得た。東京水道労働組合に対しても、身を削る業務の効率化を訴え、深い信頼と強い指導力をもって頼れる親分肌を発揮し、合意形成を重ねた。「東京水道に船木あり」と言わしめた所以である。

また、40（1965）年以降、水不足に悩む多摩地区水道へ分水し、三多摩格差是正のため都営水道一元化基本計画に参画した。小河内ダムの水質保全には、山梨県にまたがる上流域の町村が行う下水道整備を支援するなど思い切った対策を実施した。48（1973）年には、水道界にとっては画期的な水需要抑制策を発表、さらに、水質センター（49（1974）年）、水運用センター（54（1979）年）開設など相次いで体制整備に努めた。その目指すところの水道は、高度情報化時代の都市基盤施設としてのシステム構築であり、効率的な事業運営を行うための組織改革であって、その先見性は驚嘆に値する。これらの施策により、事業の効率化、経営基盤の強化が図られ、健全な事業運営の礎が築かれた。

■日水協専務理事として水道界を主導

日本経済は高度経済成長期から安定成長期に移り、水道は高普及時代から高水準の整備期を迎え、船木は大都市と中小都市の異なるさまざまな課題に対して会員の意見を取りまとめ、積極的にその解決に当たった。日水協を代表して水道補助金の獲得運動を展開、老朽管更新事業（石綿管取り替え）や高料金対策等を推進。環境汚染、自然破壊を憂慮し新しい水質問題にも取り組んだ。当面する水道界の課題はもとより将来的な発展を見据えて諸施策を展開し、事業効率化のための民間活力の活用、産官学の連携を推進し、全国の水道事業者の先頭に立って大胆に山積する課題解決に取り組んだ。

62（1987）年、水源税構想が林野庁によって打ち出された時、生命の源である水道水に税金を掛けるとは言語道断と全国の水道や工業用水等関係者の陣頭に立ち、反対運動を展開、林業団体等とも激しく争う中、山梨県選出の有力自民党議員に対し「生命の根源である水や空気に課税してどうする」と訴えて水源税導入を撤回させた。森林を知り尽くした船木の面目躍如たるところである。

■郷土を愛し、豪快・緻密な人柄

船木は幅広い見識と深い洞察力に加え、目標の実現のためには安易な妥協を許さなかった。資質温厚にして謹直な人柄で、親分肌、深い郷土愛を持ち、故郷の発展にも尽くした。奥多摩地域の水源林の育成・保護に尽力した先輩の中川金治氏を尊敬し、また、小河内ダム建設の労務者供給に協力した任侠人飛田東山とも親交があり、船木の度量と幅広い人脈を思い知る。海外主要国水道関係者との交流においてもその言動は古武士的と尊敬をもって受け止められ、国際感覚もあった。学生時代に陸上短距離の選手だったことを知る人は少ない。酒も強く、豪快にして緻密な人だった。建設省河川審議会委員、勲三等瑞宝章受章、日水協と日本工業用水協会から会長表彰、厚生大臣表彰、日水協名誉会員、従五位叙位、小菅村名誉村民。「愚直に水道を守る」の人生訓の通り水道一筋の人生であった。平成17（2005）年4月24日死去、享年79。

（2018・9・6掲載、中村幸雄）

52 水処理メーカーとしての研鑽通じ、浄水処理技術向上に貢献

榊原　定吉

明治42（1909）年～平成7（1995）年

■終戦直後に米国仕込みの技術を吸収

水道機工㈱第3代社長の榊原定吉は、水処理メーカーとしての同社の礎を作ったことに加え、先進的で多様な技術をわが国に注入したことで水道技術の向上に貢献した。

明治42（1909）年に愛知県岡崎市で生まれた榊原は、現在の静岡大学工学部の母体なった旧制浜松高等工業学校機械工学科を昭和4（1929）年に卒業後、自転車メーカーを経て岡崎市の上水道部の技師に。10（1935）年にドイツ系のメーカー、レイボルド社の都

市工業部に転職。レイボルド社は、ドイツの水処理機械の輸入・国産化によって成功を収め、水道機工㈱はその下請工場として設立された。

レイボルド社は戦中の困難期を克服して終戦を迎えたものの、米国進駐軍占領下において、ドイツ系資本であったために、事業継続は不可能となって閉鎖となった。このため、同社の都市工業部と下請け工場が一体化して水道機工㈱は水処理専門メーカーとして再スタートした。

レイボルド社閉鎖という社の存続の大きな危機を救ったのは、技術力。下請け工場として塩素滅菌機や急速ろ過装置の設計・製造で高い技術力を確立していたことが奏功し、進駐軍は閉鎖前のレイボルド社に発注予定だった塩素滅菌機の製造の承継を許可。この技術力の向上と蓄積に貢献したのが榊原だったことは言うまでもない。

榊原は、レイボルド社在籍時に帝国海軍に納入した水処理装置の優秀性が認められたことで技術者としての評価を高め、戦後、21（1946）年1月から3年間、横浜米軍上下水道技術顧問として派遣されている。この年の暮れには硫黄島への圧力式ろ過機を元請で受注するなど、成果を得るとともに、自らも米国仕込みの技術の吸収に努め、水処理技術に関わる研鑽を深めた。海外の先進技術を積極的に採り入れ、それを咀嚼し自分のものとして日本の水道施設に適合させる同社の技術力は、榊原の研鑽に負うところが大きいのは関係者の共通認識になっている。その具体的な成果物として、高速沈殿池「アクセトラー」やオゾン発生機などはその代表的な例と言えよう。

■多様な最新技術を豊富な受注実績に反映

榊原が水道機工㈱の3代目社長に就任したのは昭和34（1959）年10月。前任の杉浦竜二が前月27日に急逝したことを受けてのことであった。就任直後、榊原は、「杉浦竜二の急逝に遭い、今後どのようにして良いか全く分からず、社長に就任したものの全くの五里霧中の状態。中には徒党を組んでの新会社の設立や社員の引き抜きなども横行し、過当競争からのダンピングによる業績の悪化なども重なり、身の細る思いだった」と述懐しているが、持ち前の明るい性格と旺盛な行動力、冷静な決断力によって同社の苦難を克服、業績は再び向上に転じた。

榊原が社長に就任した翌年の35（1960）年に入社した後の社長、中倉義昭は、当時の社長の姿について、「愛嬌のある風貌、人懐っこい人柄で女性にも人気があった」と振り返るとともに、一方で、「業界では小型ブルドーザー、豆タンクと言われ、技術論議が始まるとまさに口角泡を飛ばすで、話が止まらない情熱家だった」と評する。

中倉が若手の営業マン時代、榊原の客先訪問に同行すると、水道事業体の幹部も設計会社のトップも「バラさんが来てくれた！」と喜ばれ、歓待を受けたという。

ただし、それは地道な努力の成果と筆者は考察する。「〝顧客に対する責任は製品の納入後も決してなくなることはない〞という檄とともに、アフターサービスの徹底を社員に強く命じ、自らもそれを実行していた。事業体に足を運べば、管理者や幹部への挨拶だけでなく、担当者への技術的アドバイスを決して怠ることはなく、女性の事務員にも丁寧に話しかける…。その後はとても楽な気持ちで客先訪問ができた。それが我々営業マンにとってどれだけ心強かったことか…」

この姿勢と技術者としての高い資質が相まって、消毒施設、沈殿・ろ過施設など高度経済成長時代の拡張期に百花繚乱の如く多様な水処理設備を日本の水道事業体に提供し続けることができたのは想像に難くない。

48（1973）年5月に13年余りの社長を退任。昭和46（1971）年藍綬褒章受章。平成7（1995）年逝去、享年86。

（2018・9・17掲載、編集協力・中倉義昭）

53 福岡市の水源確保に尽力した九州水道界のリーダー

桶田 義之

大正8(1919)年～平成22(2010)年

■安定給水へ戦略と実行力発揮

大正8(1919)年に生を得た桶田義之は、昭和13(1938)年に熊本県立八代中学校を卒業と同時に中国大陸に渡り、南満州鉄道㈱勤務のかたわら、大連法政学院夜間部経済科に学ぶ。その後、15(1940)年に陸軍に入隊。

終戦による復員後の21(1946)年に福岡市に入庁。市政全般で活躍する中、福岡市水道局には34(1959)年に次長として初めて赴任。この時期、地理的に水資源に恵まれない同市は、高度経済成長期と市域拡大などに伴う急激な水需要増への対応に迫られており、政令指定都市を目指す上で、安定給水が重要かつ緊急の課題であった。このため、後の管理部長時代と合わせ、3代の水道事業管理者を補佐し、第7回拡張番托取水事業、第8回拡張南畑取水事業、第9回拡張江川取水事業などの水源開発を軸にした拡張事業を推進。これにより、安定給水の礎を築き、同市の成長を支えた。

桶田は、主に水源開発に伴う地元との交渉に取り組み、安易に妥協せず、双方納得できるまで、職員と共に粘り強く対応し続けた。さらに幹線管路の破裂事故が起きれば深夜といえども現場に駆け付け、「復旧を見届けるまでは」と現場を離れず徹夜で詰めるなど、何事にも真摯で、厳しくも地道な姿勢に基づいた仕事ぶりが技術系、事務系を問わず多くの局職員に支持された。

桶田の推進した水源開発の中でも、特筆すべきなのが筑後川からの導水。同市は市内に一級河川を持たず、立地的にダム建設にも制約は多いことから、渇水の度に給水制限を余儀なくされていた。この慢性的な水不足に悩まされる同市の抱える根源的課題の解消に向け、桶田は筑後川からの導水を主導。この取り組みでは、桶田の戦略と実行力が存分に発揮された。桶田は、筑後川水系の河川で最も同市に近い小石原川水系の江川ダムからの取水に着目。同ダムは、当初、農林水産省が地元の農業用水開発を目的として検討が進められていた。

桶田は、同ダムの都市用水の参画に向けて、農水省等の関係機関に対し精力的に働き掛ける一方で、地元との活発な折衝にも尽力。この結果、地元をはじめ多くの関係者の協力のもと、38（1963）年12月に同ダムの計画は、農業用水等に加え都市用水も含む多目的ダムとして策定された。47（1972）年の第9回江川取水事業の完工により実現した日量10万㎥の水源開発は、同市にとっての悲願だった筑後川からの導水の先鞭をつけるものであり、桶田の果たした功績は高く評価されよう。

■水道事業トップとして安定水源確保へ導く

建築局長・民生局長・財政局長・総務局長と市政の枢要ポストで活躍した桶田は、同市が政令指定都市となった昭和47（1972）年、当時の阿部源三市長の、文字通りの「渇望」を受けて水道事業管理者に就任。江川ダムからの取水は実現したものの、依然として人口は増え続け、桶田が水道事業管理者に就任した段階で、50年代後半には再び水不足となることは確実視されており、更なる安定水源確保の必要に迫られていた。またこれは、同市のみならず、経済圏を1つにする同都市圏全体でも同様の状態であった。

そこで、次に取り組んだのは、より広域的な視点に基づいた水源の確保と事業運営である。「圏域の給水安定化は一自治体の力だけでは成しえない」という認識を持つ桶田は、新たな筑後川からの遠隔導水のための事業主体として、同都市圏が一体となった水道企業団の設立を標榜。昭和48（1973）年に水道用水の広域的有効利用と効率的な施設運営を見据え、同市を軸に同都市圏の4市18町（＝当時）で構成される福岡地区水道企業団を設立。桶田は同企業団の設立構想から設立準備に関わる諸問題解決に向け奔走。筑後川流域の住民や国、県の理解と協力を得て58（1983）年に完工した福岡導水事業によって日量13万2300㎥もの水源開発がなされた。

翌59（1984）年は全国的な異常少雨の中、同市も287日にも及ぶ給水制限となった昭和53（1978）年とよく似た少雨となり水事情が厳しくなったものの、給水制限には至らず常時給水を確保できた。このことは、節水施策など関係者の不断の努力もさることながら、福岡導水をはじめとした安定水源確保によるところが最大の要因であり、それまでの桶田が積み重ねてきた功績を実証するものである。

昭和51（1976）年6月に4年間務めた管理者を辞した桶田は、福岡市土地開発公社理事長を経て、52（1977）年4月に福岡地区水道企業団の第2代企業長に任命された。福岡都市圏の用水供給対象地域の拡大に努めるとともに、関係施策の充実を国の関係機関に働き掛け、全国水道企業団協議会副会長として広域水道の事業運営の充実に向けても精力的に活動した。その後の九州水道界の官民が集い、お互いの知見を深めるための交流の場である九州ウォータークラブ（以下「クラブ」という）も、桶田の強い思い入れによってできたもの。単なる「仲良しクラブではいけない」と会費制とし、予算・決算も厳格に管理することで同クラブの存在感、各メンバーの責任感と独立性を高めることにも寄与。一方で「地方会員は会費を減免することで、参加者を増やし活動範囲を広げるべき」と最晩年も強い思い入れを持ってクラブの運営に意見を述べていた。

地元住民、広域連携、そして官民と、数々の人と人の繋がりを主導し、相手に対し常に真摯に向き合いながら、自らにも厳しく地道な姿勢を貫いた桶田の行動原理は、今後も同市、ひいてはわが国の水道界に大きな示唆をもたらすであろう。

平成6（1994）年勲四等旭日小綬章受章。22（2010）年1月14日、90歳にて永眠。

（2018・10・1掲載、編集協力・大櫛星太、弓削田耕一、岡巌、藤野恭裕、清森俊彦）

54 積極的なチャレンジと弛まぬ努力、誠実さで業界発展に寄与

前澤 慶治

明治36（1903）年～平成2（1990）年

前澤慶治は、水道業界の発展に寄与した一人である。前澤3社を設立するとともに昭和30（1955）年に日本水道工業団体連合会の前身である日本水道工業会や35（1960）年に発足した水道バルブ工業会に深く関わっている。「水道事業を通じて社会に貢献する」の言葉通りに体現し、人生の本懐を遂げた。

■丁稚奉公の苦労から経営を学ぶ

前澤慶治は明治36（1903）年12月新潟県刈羽郡田尻村（現・柏崎市）に5人兄弟の末子として生まれた。

5歳の時、父末吉が行商先の千葉県佐原市にて死去、母スミの女手

一つの中育つ。

12歳にて越後から上京し、奉公先の工機商会での約5年間は肉体労働を強いられ、銀座から川崎市の日本鋼管㈱（現・JFEエンジニアリング㈱）工場まで荷車を引かされるような、朝の暗い中から夕方暗くなるまで働き続ける辛い小僧生活があった。この間に使われるものの苦しみと主従の人情の機微を体得し、これが後年の人を使う身になった時の人を使うコツに生かされ、「企業は人なり」という事業経営の第一の要件を身に付けた。

しかし、続く槌田商店時代には、ビリヤードに凝って月給の大半を注ぎ込み、「諭旨退職」をする波乱万丈の人生でもあった。槌田商店が水道用バルブを取り扱っていたのが機縁となり前澤の将来はバルブと縁が切れなくなった訳である。

そして、前澤の人生で最も大きな転機が、松井商会というポンプ、バルブなどを扱う店への奉職である。この松井商会の勤務で、最後は支配人として実質的切り回しを行い、第一線の営業マンとしての活躍によって水道界に顔が広くなり、それ以後の活躍の基盤はこの時代の10年間にできあがった。特に主人の松井氏の経営手腕を学んだことが独立後の経営の役に立った。「自分は松井式経営法を踏襲した」とまで前澤に言わしめている。

昭和12（1937）年には松井商会を退社し、「昭和製作所」を創設し、水道機材のブローカーを始める。今までの水道界での顔と経験が役立ったというよりは、それだけが資本の商いと言える。

■「営業のマエザワ」を体現

水道界の立志伝中の人は何人か挙げることができる。久保田鉄工所（現・㈱クボタ）の創設者である久保田権四郎氏、㈱荏原製作所創設者の畠山一清氏、㈱金門製作所（現・アズビル金門㈱）創設者十文字大元氏などである。この3氏は日本で初めて鋳鉄管、渦巻ポンプ、水道メーターの国産品に乗り出して成功した共通点を持っている。技術者としてメーカーとして最初から出発している。しかし、前澤は時代が異なるが、営業マンとしての振り出しである。ここに大きな違いがあり、「営業のマエザワ」と言われる所以である。

戦争中、終戦後の混乱期は、樹脂加工で乗り切り、水道界の復興事業、新設事業により順風満帆の時代に入り、次々と事業を拡大していった。

昭和22（1947）年昭和製作所を解消し、前澤バルブ工業㈱（現・前澤工業㈱）を設立、また、29（1954）年には硬質エンビ工業㈱（現・前澤化成工業㈱）、32（1957）年東京水道工業㈱（現・前澤給装工業㈱）を設立し、今日の前澤グループを形成した。

■終始「更なる前身」標榜

前澤工業㈱においては、昭和45（1970）年ドイツのガイガー社、48（1973）年フランスのベルネイ社、51（1976）年アメリカのモンゴメリー社とそれぞれ技術提携をし、水処理事業に進出した。

前澤の経歴を見ると、いくつかの節目がある。ある時は経験と的確な判断に基づく決断により乗り切り、ある時は幸運に支えられているが、終始変わらないのは、「更なる前進」という積極的なチャレンジと絶え間ない努力と誠実さである。

前澤は、昭和49（1974）年勲三等旭日中綬章を受けており、功成り名遂げた人であるが、昭和43（1968）年宣伝臭さを一切出さない方針で編集された水の文化冊子「みずのわ」を発行した。また、52（1977）年に私財1億円を拠出して「前澤育英財団（現・公益財団法人前澤育英財団）」を創設した。大学生に奨学金を支給し、既に400名弱を社会に送り出している。自らは受けることができなかった高等教育であるが、後進を育成することに思いを馳せ、社会の報恩に報いている。

平成2（1990）年逝去、享年87。

（2018・11・22掲載、編集協力・前澤工業㈱）

執筆者一覧

稲場　紀久雄／大阪経済大学名誉教授
山田　雅雄／元名古屋市副市長
照井　仁／元下水協広報課長
田中　文次／元東京都水道局長
矢野　隆司／大成機工㈱会長
渡辺　勝久／ＰＳＣ㈱社長
石田　雄弘／元東京都下水道局次長
谷口　尚弘／元下水協常務理事
清水　慧／元㈱日水コン社長
酒井　彰／流通科学大学教授
中山　茂也／元岡山市下水道局長
松井　三郎／京都大学名誉教授
眞柄　泰基／給水工事技術振興財団理事長・元北海道大学大学院教授
藤原　啓助／元大阪市水道局長
藤田　賢二／東京大学名誉教授
鈴木　繁／元環境庁水質規制課長
小林　康彦／元厚生省水道環境部長
三本木　徹／元厚生労働省水道課長
坂本　弘道／元厚生省水道環境部長・元水団連専務理事
大久保　勉／元八戸圏域水道企業団副企業長
西野　二郎／元日水協水質課長
本間　敬三／元㈱クボタ専務取締役
神林　智博／元横浜市水道事業管理者
松井　大悟／元国土交通省下水道部長・元下水道新技術機構理事長
野島　廣紀／元札幌市水道局工務部長・札幌市代表監査員
西堀　清六／元日本上下水道設計㈱（現㈱ＮＪＳ）社長
中村　幸雄／元日水協調査部長

編集協力者一覧

中倉　義昭／元水道機工㈱社長
大櫛　星太／元福岡市水道局給水部長
弓削田　耕一／元福岡市水道局理事
岡　巌／元福岡市水道局浄水部長
藤野　恭裕／元福岡市水道局浄水部長
清森　俊彦／福岡市水道事業管理者
前澤工業㈱

この作品は、水道産業新聞に平成25（2013）年9月から30（2018）年11月まで連載された『現代上下水道の人物50傑』を単行本にまとめたものです。なお、単行本化に伴い、一部追加・修正しています。

あとがき

水道産業新聞の連載「現代上下水道の人物50傑」が、5年半の年月を経て、この度完結しました。水道産業新聞社西原一裕社長はじめ、連載当初の元編集長・故大津孝雄氏、現編集長・福島真明氏、スタッフの皆様に改めて御礼申し上げます。また、ご多用の折り、快く執筆いただいた皆様には、心より感謝いたします。誠にありがとうございました。

そもそもこの企画は、本書の「はじめに」の執筆者・稲場紀久雄氏（大阪経済大学名誉教授）の発案です。稲場氏は、私の大学時代の同級生です。私たちは、相談の結果、下水道は稲場、上水道は私が責任を持ち、両者相まって50傑を選定、順次新聞に連載することにしました。

私は、本書の「あとがき」として、ただ1つ今後の上下水道事業のあり方について書いておきたいと思います。今日の上下水道事業は、本書に挙げられた人たちはじめ、多くの先達のご尽力によって達成されたものです。上下水道事業は、現在ともに、普及促進の時代から管理向上の時代に移っています。今は、これからの上下水道事業を如何に運営するか、大きな岐路に立っています。水全体を包括する水循環基本法も平成26（２０１４）年に成立しました。今後の水行政は、水循環を旗印に進めなければなりません。水循環の中での上下水道行政のあり方として、今日のような縦割りの姿をいつまでも続けて良いものか、よく考えなければなりません。

本書に挙げられた先達の中には、上下水道事業全般にわたって貢献された方々が沢山おられます。この方たちは、今日の水行政の姿をどのような目で見ておられるでしょうか。

上下水道は、今や国民のライフラインとして不可欠な社会基盤であります。災害時も含めて、全国民の期待に応えなければなりません。

本書を、現在上下水道界で活躍されている方、とりわけ将来の上下水道事業を背負っていく若い人たちに是非読んでいただきたいと思います。今日の上下水道の建設、経営には本書に挙げられた人たちの努力のあったことを理解いただき、将来の新たな姿を描き、それを実現されることを期待いたします。

坂本弘道

東京都石神井の自宅にて

共編著者プロフィール

■稲場　紀久雄

　１９４１年京都市生まれ。１９６５年京都大学工学部衛生工学科卒業と同時に建設省（現・国土交通省）入省。盛岡市下水道部次長、岡山県土木部下水道課長、建設省流域下水道課長、同土木研究所下水道部長を経て、１９９３年大阪経済大学教授に就任、現在名誉教授。京都大学工学博士。

　『バルトン先生、明治の日本を駆ける！』『熊蜂のごとく：遺稿久保赳自伝』『環境ホルモンと経済社会』『ゴルディオンの結び目：水・環境・経済問答』『都市の医師』『下水道論の歴史的探訪』など著書多数。

■坂本　弘道

　１９４１年京都府京田辺市生まれ。１９６５年に京都大学工学部衛生工学科卒業と同時に厚生省（現・厚生労働省）入省。経済企画庁、環境庁、水資源開発公団で要職を歴任後、１９９５年厚生省水道環境部長に就任。その後水資源開発公団監事、理事を務め、退任後は日本水道工業団体連合会専務理事を長く務めた。京都大学工学博士。

　著書には『とんぼの眼～霞が関・水とごみと～』『続とんぼの眼』『とんぼの眼―３』『検証・水道行政』などがある。

現代上下水道の人物50傑

２０１８年 12月30日 第１刷発行
共編著者 稲場 紀久雄／坂本 弘道
発 行 者 西原 一裕
発 行 所 株式会社水道産業新聞社
〒１０５－０００３ 東京都港区西新橋３－５－２
（第一法規ビル７Ｆ）
ＴＥＬ ０３－６４３５－７６４４
http://www.suidou.co.jp/
印刷・製本 株式会社 恒和プロダクト
定 価 本体１２００円（税別）
ＩＳＢＮ９７８－４－９０９５９５－０４－１